服装高等教育"十二五"部委级规划教材
服装设计专业系列教材

余　强／编著

服装设计
概论

U0242002

FASHION
DESING

中国纺织出版社

内 容 提 要

本书立足于服装设计基础知识的介绍，内容涵盖服装的历史发展、服装设计的创意思维、服装造型的形式美法则及运用、服装面料与装饰、时装的流行与品牌营销等，同时对服装设计教学及其他相关知识也进行了简要归纳和有序整合，以帮助学生对服装设计有全面、系统、深入的理解和认识。

本书可供服装专业院校师生使用，还可供服装设计从业人员参考与学习。

图书在版编目（CIP）数据

服装设计概论 / 余强编著. —北京：中国纺织出版社，2016.6 （2020.8重印）

服装高等教育"十二五"部委级规划教材 服装设计专业系列教材

ISBN 978-7-5180-1957-1

Ⅰ．①服… Ⅱ．①余… Ⅲ．①服装设计－高等学校—教材 Ⅳ．①TS941.2

中国版本图书馆CIP数据核字（2015）第212664号

策划编辑：李春奕 责任编辑：杨 勇 责任校对：梁 颖
责任设计：何 建 责任印制：王艳丽

中国纺织出版社出版发行
地址：北京市朝阳区百子湾东里A407号楼 邮政编码：100124
销售电话：010—67004422 传真：010—87155801
http://www.c-textilep.com
E-mail：faxing@c-textilep.com
中国纺织出版社天猫旗舰店
官方微博http://weibo.com/2119887771
北京博艺印刷包装有限公司印刷 各地新华书店经销
2016年6月第1版 2020年8月第3次印刷
开本：889×1194 1/16 印张：8
字数：146千字 定价：49.80元

出版者的话

全面推进素质教育，着力培养基础扎实、知识面宽、能力强、素质高的人才，已成为当今教育的主题。教材建设作为教学的重要组成部分，如何适应新形势下我国教学改革要求，与时俱进，编写出高质量的教材，在人才培养中发挥作用，成为院校和出版人共同努力的目标。2011年4月，教育部颁发了教高[2011]5号文件《教育部关于"十二五"普通高等教育本科教材建设的若干意见》（以下简称《意见》），明确指出"十二五"普通高等教育本科教材建设，要以服务人才培养为目标，以提高教材质量为核心，以创新教材建设的体制机制为突破口，以实施教材精品战略、加强教材分类指导、完善教材评价选用制度为着力点，坚持育人为本，充分发挥教材在提高人才培养质量中的基础性作用。《意见》同时指明了"十二五"普通高等教育本科教材建设的四项基本原则，即要以国家、省（区、市）、高等学校三级教材建设为基础，全面推进，提升教材整体质量，同时重点建设主干基础课程教材、专业核心课程教材，加强实验实践类教材建设，推进数字化教材建设；要实行教材编写主编负责制，出版发行单位出版社负责制，主编和其他编者所在单位及出版社上级主管部门承担监督检查责任，确保教材质量；要鼓励编写及时反映人才培养模式和教学改革最新趋势的教材，注重教材内容在传授知识的同时，传授获取知识和创造知识的方法；要根据各类普通高等学校需要，注重满足多样化人才培养需求，教材特色鲜明、品种丰富，避免相同品种且特色不突出的教材重复建设。

随着《意见》出台，教育部及中国纺织工业联合会陆续确定了几批次国家、部委级教材目录，我社在纺织工程、轻化工程、服装设计与工程等项目中均有多种图书入选。为在"十二五"期间切实做好教材出版工作，我社主动进行了教材创新型模式的深入策划，力求使教材出版与教学改革和课程建设发展相适应，充分体现教材的适用性、科学性、系统性和新颖

性，使教材内容具有以下几个特点：

（1）坚持一个目标——服务人才培养。"十二五"普通高等教育本科教材建设，要坚持育人为本，充分发挥教材在提高人才培养质量中的基础性作用，充分体现我国改革开放30多年来经济、政治、文化、社会、科技等方面取得的成就，适应不同类型高等学校需要和不同教学对象需要，编写推介一大批符合教育规律和人才成长规律的具有科学性、先进性、适用性的优秀教材，进一步完善具有中国特色的普通高等教育本科教材体系。

（2）围绕一个核心——提高教材质量。根据教育规律和课程设置特点，从提高学生分析问题、解决问题的能力入手，教材附有课程设置指导，并于章首介绍本章知识点、重点、难点及专业技能，增加相关学科的最新研究理论、研究热点或历史背景，章后附形式多样的习题等，提高教材的可读性，增加学生学习兴趣和自学能力，提升学生科技素养和人文素养。

（3）突出一个环节——内容实践环节。教材出版突出应用性学科的特点，注重理论与生产实践的结合，有针对性地设置教材内容，增加实践、实验内容。

（4）实现一个立体——多元化教材建设。鼓励编写、出版适应不同类型高等学校教学需要的不同风格和特色教材；积极推进高等学校与行业合作编写实践教材；鼓励编写、出版不同载体和不同形式的教材，包括纸质教材和数字化教材，授课型教材和辅助型教材；鼓励开发中外文双语教材、汉语与少数民族语言双语教材；探索与境外合作编写或改编优秀教材。

教材出版是教育发展中的重要组成部分，为出版高质量的教材，出版社严格甄选作者，组织专家评审，并对出版全过程进行过程跟踪，及时了解教材编写进度、编写质量，力求做到作者权威，编辑专业，审读严格，精品出版。我们愿与院校一起，共同探讨、完善教材出版，不断推出精品教材，以适应我国高等教育的发展要求。

中国纺织出版社
教材出版中心

前　言

中国是世界上最大的服装生产国和出口国，同时服装市场也是发展速度最快、变化最复杂、最具挑战性的。服装生产正从量的扩张向质的优化转变，通过设计在社会中不断演绎出新的面貌。但从整体看，发展是不平衡的。一方面，服装的生产已成为国民经济的一个重要产业，其产量、出口和消费均居世界第一位；另一方面，现代服装工业的高端设计与生产技术、全球化营销管理、自主品牌的开发与运营等关键技术的研究与发达国家尚有较大的距离。因此，如何利用我国资源的优势，在设计理念、造型、色彩、形象塑造、文化传播等方面，开发具有自己文化特色的国际品牌，对于我国未来的服装产业升级非常重要。

在对世界著名服装品牌的分析中，我们会发现其营造的高附加值主要是包含在服装产品中的设计文化，即在物质之内的精神内容。

一方面，服装工业是具有鲜明文化表象与个性表达特征的行业。由于世界不同文化的差异，消费者在选择产品时更多地选择产品的社会意义，而服装是最能展现其社会地位、自我个性、品位与修养的商品。消费者在期望得到社会认同的同时，更注重情感的独立、个性的彰显与自主意识。另一方面，主持服装设计工作的设计师不仅要对产品本身的设计负责，而且他们所演绎的生活方式、推崇的穿衣哲学、表达的时尚精神和视觉美学等都是以设计产品的文化形象为宗旨，也是企业整体形象的一部分。今天，在欧美国家，许多著名品牌的背后都以著名的设计师作为支撑，一些品牌甚至完全是因为拥有某位天才设计师而知名。如迪奥的加利亚诺、夏奈尔的拉格菲尔德、华伦天奴的瓦伦蒂诺等著名时装设计师本身就是品牌的化身。

所谓"衣、食、住、行"，"衣"乃在首位，其重要性可见一斑。衣服与我们的生活息息相关，而时装的变迁和发展更是一部充满动感的历史，以至于任何艺术上的革新或社会新思潮的涌现都会给

服装带来新的表现形式。而科技的发展又推动设计师对"未来时装"的想象。世界文化的交流和互动，带来了服装设计前所未有的变化。意大利设计学院副院长费·布瑞格罗（Fe Briz Io）先生认为：无论是中国的设计师还是欧洲的设计师都必须从彼此的文化中汲取营养。人们已经非常清楚地认识到，文化的本土化和多元化是人类共同持续发展的重要力量。同时，东西方各国各民族的服装文化自古至今永不停歇地在同化和异化的事实，似乎让我们更加清楚地看到21世纪时尚的未来走向。

相关资料显示，目前中国纺织服装的出口仍以贴牌为主，自主设计、自主品牌的商品占总体出口比重不足10%。这说明，作为产业链高附加值的服装创新设计还比较薄弱。尽管中国已成为全球重要的纺织服装制造中心和出口大国，但目前还没有形成具有国际竞争力的设计师品牌，设计师的产品和附加值也没有充分体现出来。意大利著名服装设计师凯特林·伊万诺（Ivano Cattarin）在考察了中国的服装品牌之后，认为中国服装设计要更加紧密地和世界舞台相结合，了解世界的资讯，还要考虑如何走向国际市场，提供有国际化品位的产品。因此，时装的线条、廓型和可穿性，必须选择各种创新性和各种系列颜色的特别面料来进行加工。最先进的时装必须是所有这些细节的集合。从设计到服装的最后熨烫，不管是时装设计师还是工艺师，对于各个加工的单个环节都要非常了解，并且能够解决每一个环节出现的问题。这也是本书将设计思维与设计方法作为重点阐释的主要原因。

服装设计是一门实践性很强的学科，只有通过不断地实践才能真正认识服装，才能获得更多的直接经验，才能做出真正好的有用的设计。面对时代赋予的新课题，设计师需要漫长的学习路径与时间的积累。如何将自己的设计理念、创意与品牌的定位有机地结合，已经成为中国设计师不断探索和领悟的共识。我们有理由相信，在不久的将来，中国的时尚产业一定会走在世界时尚的前沿，而设计师也将成为服装企业创新能力的标志。

余强

2015.12.28

目 录

基础理论——
设计的含义

课程名称：	设计的含义
课程内容：	设计的本质与定义 中西服装设计文化比较
课程时间：	5 课时
教学目的：	让学生了解设计及设计的基本概念，了解设计的创造性思维和服装设计的流程，服装与人体的关系，服装设计的原则以及中西服装设计文化等。
教学要求：	从设计概念出发，分析设计的含义，包括对中西服装设计思想的跨文化比较；由此对服装设计有一个系统全面的理解。

第一章　设计的含义

一、设计的本质与定义

（一）设计的意义和分类

1. 设计的意义

设计（Design）改变我们的生存状况，倡导一种更为美好的生活方式。

从考古实物分析，最早的石器经过加工打制，最终成为具有一定功能的工具，是朝着一定目标的创造过程。人类正是在这一漫长的制造活动中，孕育和培养了设计的造型观念和方法。可以说，人类最初的工具制造不仅成为人的标志，而且成为设计起源的原点。几百万年来，人类从茹毛饮血的生存方式到刀耕火种、择水而居的农耕生活，从耕织一体的家庭手工业生产到大工业革命的兴起，由此而建构了一系列人工组成的社会符号和文化系统。

作为人类设计活动的延续和发展，在经历了长期的酝酿阶段后，直到20世纪20年代才开始确立为一门新兴的现代学科，即工业设计。"工业设计"一词源于英文"Industrial Design"，它是在现代工业化生产条件下，运用科学技术与艺术方式进行产品设计的一种创造性方法。

工业设计产生的条件是现代化大工业的批量生产和激烈的市场竞争，其设计对象是以工业化方法批量生产的产品。工业设计作为一种职业，大约始于1945年。工业设计的职业化使工业设计走上了现代设计之路，形成了适应现代科学技术发展的设计职业特征。

工业设计的职业化体现了工业设计的实践意义：

有服装界哲人之尊的日本时装设计师三宅一生（Issey Miyake）的设计作品，简洁有力，充满强烈的设计意识。

（1）设计决定产品的性能、价值和固有质量。

（2）设计具有刺激和引导消费的作用。

（3）设计具有推动经济和社会发展的作用。

设计以造物为对象，造物以设计为前提，两者是手段与目的、过程与结果的关系。因此，设计便具备动词和名词两种存在方式和形态意义。从动词的意义上理解，"设计"指人类对事物构想、研究的活动过程；从名词的意义上理解，"设计"指人类对事物规划、构想、研究的结果或成果。可以说创造性是设计的一个本质属性。作为一种创造性活动，它具有根本性的审美向度，是创造美、物化美的手段和过程，其功能的、合目的性之美与形式之间存在着辩证的统一关系；从接受的角度讲，设计作为沟通造物者与用物者之间的桥梁，使造物的设计成为有价值的、名副其实的美学对象。因此研究设计和认识设计就应包含"过程"和"结果"这两层含义：一是设计的过程，涉及设计的对象、设计的形成、发展的动态过程及其设计方法论等，解决"怎样设计"（How）的问题，其中涉及诸如方法论、设计流程和创造性思维等问题。二是设计的结果，涉及设计的性质，不同设计的区别及其与社会、经济、科学与文化的关系等，解决"设计应该怎样"（Why）的问题，即设计的社会、经济、科学和文化的价值判断等问题。

设计的实质从狭义上讲，是根据人的生理和心理的不同需要，确定其功能、结构、材料、工艺、生产和销售，结合产品形态、色彩、空间、体量、表面处理的审美规律，从社会的、经济的、市场的、环境的多种角度，构成物质生产领域的艺术因素，从而创造出既有使用价值又有审美价值的新型产品。它体现了科学与美学的有机统一，技术与艺术的有机渗透，行为与环境的相互协调。

在当代艺术设计学中，设计联系着人类的物质文明与精神文明的创造，联系着生活的质量和生活方式的变化，所涉及的范畴也日益广阔，从日用工业品到围绕建筑所进行的环境设计。它包括人类衣、食、住、行、用的所有生活层面。因此，现代设计成为现代经济和市场活动的组成部分，不同的市场活动形成了不同的设计范畴。

设计能为人类创造一个美好的世界，更代表着一个理想的未来世界。因此，设计不仅是对产品和环

被誉为高级时装"金童子"的意大利时装设计大师瓦伦蒂诺（Valentino Garavani），成为高贵、典雅、优质时装的代名词。

作为在服装工艺方面自学成材的女装设计师，维维安·韦斯特伍德（ViVienne Westwood）的时装总是从历史的服装样式中得到设计的灵感。

亚历山大·麦昆（Alexander McQueen）以奢华和复古情调为主题的设计。

服装设计概论

凯特·摩丝（Kate Moss）开创了时尚界"街头风格"的时代。

迷你裙的优雅。

境的设计，也是对人类生存方式、生活方式的设计，从本质上讲，也是一种生产力。20世纪以来，科学技术与社会的飞速发展，对设计的定义与范畴已变得非常广泛而复杂，设计开始被视为解决功能、创造市场、促进经济发展、提升生活质量、促进社会进步与创造理想生活方式的手段。

2. 设计的分类

参照构成世界的三大要素——"自然—人—社会"作为设计体系分类之坐标点，便可由此科学地建立起相应的设计体系。以此概分为三个大类：

（1）产品设计：既包含批量生产的工业产品设计，又包含手工艺生产的产品设计。

工业产品设计包含生活日用品设计、公共性的商业设计、服务业用品设计、工业机械及设备的设计、交通工具设计、交互设计等；服饰品类设计包含时装设计、成衣设计、纺织品设计、配饰设计等。

（2）视觉传达设计：视觉传达包括"视觉符号"和"传达"两个基本概念。主要通过视觉向人们传播各种信息，是为现代商业服务的设计，所以构成视觉传达设计的基本要素就是文字、图形及色彩。

视觉传达设计包含广告设计、展示设计、包装设计、编辑设计、媒体艺术设计、影像设计、视觉环境设计（公共生活空间的广告及公共环境的色彩设计）等。

（3）空间环境设计：通过自然景观与人工设计相结合形成的生活环境设计。它包含环境景观设计、室内设计、建筑外观设计、园林、广场设计等。

（二）设计的创造性思维

思维是人类最主要的特征之一。人类的一切创造都是从创造性思维开始的。

设计思维是最为活跃的创造性思维。它产生新思想、新形态、新的生活方式，是科学和艺术相统一的产物。在思维的层次上，设计思维必然包含科学思维与艺术思维两种思维的特点，是两种思维方式整合的结果。所谓科学思维，也就是逻辑思维，是一种锁链式的、环环相扣递进式的思维方式。而艺术思维则是以形象思维为主要特征，包括灵感思维或直觉。

范思哲（Gianni Versace）设计的戏服将历史服装变成了复古的时尚。

瓦伦蒂诺设计的红色系列晚礼服。

灵感思维是非连续性的、跳跃性的、跨越性的思维。在设计思维研究中，将灵感思维和形象思维合称为艺术思维，此区别于科学思维。

　　一般心理学把人的思维类型分为艺术家型思维和思想家型思维，实际上就是指艺术思维与科学思维两种类型。艺术家型思维善于形象思维，思想家型思维善于抽象（逻辑）思维。设计师的工作恰恰需要两种思维相互协调才能完成，因为设计师的成果是一件具体感性的产品，而不是抽象的公式或原理，这是形象思维的特点。同时，设计又必须考虑产品的功能、产品的制作条件、成本、市场效益等因素，这是抽象思维的特点。服装设计师的形象思维能力包括对形态的感受力、形象记忆能力和想象力，其中最重要的是想象力。设计师应具备这样的想象力：既善于将记忆中的表象进行加工改造，在头脑中形成未来产品的意象，又能够将构想中的产品的形态（色彩、材质、款式、搭配）与人类的情感生活和文化意义联系起来。设计师应具备这样的抽象能力，主要是推理力：善于举一反三，把解决某个问题取得的经验用来解决类似的其他问题，或利用与某一问题关联的信息来解决其他问题。这需要创造者个人的经验与知识的积累。所谓概念的形成，既有来自过去的体验印象，又有来自现在的体验印象；既有对外界物象的摹写，也有对内心世界的感悟。因为每个人都有其独特的概念，它使设计师在创造服装的"形"时，能够找到很好的依据。例如，时装的概念设计、手机的概念设计、汽车的仿生概念设计等，这些无穷无尽的构想之所以能不断地涌现，是与各种各样的具体概念分不开的。而且，即使是同一种花型概念，通过人的创造也有着独创性和一般性的可能。在近年来的时装流行上，古典的、生态的、田园风光的和民族化的等概念都各自表现在服装设计之中。正因为有这些丰富的感觉和独创的思维，才使得设计师的创造力得到拓展。

　　另外，服装设计经常要用归纳和演绎推理，例如，根据测量的数据决定服装的比例尺度；根据材料的性能和工艺技术条件决定服装的加工方式和所许可的形态；根据市场的需求发现新的款式类型；通过观察各个的形态组合来分析考虑设计的方法；通过物的"形"与其他物的"形"彼此之间而产生的联想法，以及从其他事物的原理中得到启发而设计的时装等。

　　设计无非有两类：第一类是与现存作品关联，成为改良性设计；第二类是与幻想、未来关联，成为创造性设计。为了达到更好的设计水准，优秀的设计师都很注重设计思维能力的培养，包括形象思维、抽象思维、直线思维、发散思维、联想思维、逆向思维等一系列有效方法的学习和运用。这里介绍几种常用的基本方法：

1. 联想思维

联想思维指思路由此及彼的连接，即由所感知及所思的事物、概念、现象的刺激而想到其他的事物、概念、现象的思维方式。

（1）相似联想：又称"类比联想"，指由一件事物的感受所引起的与该事物在性质上或形态上相似的事物的联想。例如，在服装设计中，荷叶边、灯笼的造型与女裙、袖的造型的设计关联；迪奥"新外观"里的郁金香花型与连衣裙型的设计关联；根据蝴蝶翅膀上颜色、图案的联想设计出各种漂亮的纺织面料等。利用相关想象，获得富有创造性的想法。

（2）接近联想：指时间上或空间上的接近都可能引起不同事物之间的联想。如超短裙就可能联想到迷你裙流行的情景。

（3）对比联想：指通过一种所熟悉的事物，联想到另一种在性质、特点上与之相反的事物。其突出特征即背逆性、挑战性、批判性。后现代主义的服装设计的追求往往是对传统设计的挑战而呈现出创造性想法。

2. 逆向思维

逆向思维又称求异思维。指思维者在思维过程中，打破常规，逆转思路，向相反方向去思考问题的一种思维方式。例如，第一次世界大战后，加布里埃·夏奈尔（Gabrielle Chanel）把当时男士用做内衣的毛针织面料用在女装上，第一次推出针织的男士套装。这在当时，特别是在正式场合，女士穿裤装简直是大逆不道。夏奈尔自己晒黑皮肤，留短发，这对于传统的贵妇人形象无疑是反叛和革命的。在三宅一生的作品中，也可以看到他的设计一反常规化的服装造型，改用披挂、缠裹的形式，采用精美的外观、肌理效果强、立体感特别突出的独特面料，逆向又新奇的表现手法，留给人们更多的惊叹。

3. 形态的比较分析

通过观察各种类型的形态组合来分析考虑设计的方法。包括对服装种类的分析，如裙子有大摆裙、鱼尾裙、蜻蜓裙、旗袍裙、西服裙、直筒裙等，男裤有牛仔裤、萝卜裤、老板裤、灯笼裤、运动裤、西裤等；对服装局部技法表现的分析，如局部技法有碎褶、打褶、刺绣、多层收褶、分割、镶嵌等。通过这些形态的组合分析就产生了设计的方法。另外，对不同种类的服装局部形态的比较分析，如针对男女不同上衣

搜集市场信息，观察各种服装形态。

挺括的肩，流畅的领，饱满的背部线条，合体的腰线让你成为经典的优雅绅士。

的领、袖、口袋等各类形态组合的分析，也可以产生新的设计方法。

4. 系统的表达

在服装设计中，形态（大、小、圆、四角、三角、粗、细、长、短等）、面料（薄、厚、软、硬、弹力等）、色彩（色相、明度、饱和度、荧光色、透明色等）是其三大基本要素。例如，对一套服装的设计除了对外形和细节的考虑外，还应对面料、色彩、图案等要素进行综合判断。当外形确定时，服装的公主线（曲线）、直线等就相对被明确。其次是对领、袖和口袋等细节的分析和归纳。对设计师而言，需要多元思维方式的建构、解构，从而寻找和建立表达的完整形式。

不同的面料质地赋予印花图案与色彩全新的光泽感和立体感，营造出服装的新视觉。

（三）服装设计流程

设计一词来源于英文的"Design"与法文的"Dessin"，而这两个词又源于拉丁文的"Designare"，其意思是构思与计划。

设计的本质和特性是必须通过一定的造型而使其明确化、具体化、实体化，即将设计的对象化为各种草图、示意图、结构模式……通过艺术形式、物态化方式展示设计的特点和操作性。因此，造型设计是艺术设计的主要任务，它包括视觉传达设计和产品设计两大领域。以视觉传达为内容的设计，主要包括广告设计、标志设计、包装设计、装潢设计、插图设计等，把传达信息作为主要任务；而产品设计则是实用功能与艺术美的造型统一的设计。这两大类都离不开美的造型。

服装作为产品设计，它要研究不同的人或同一人在不同环境、条件、时间对生存、生活的不同需求，进而去选择、组织已有的原理、材料、技术、工艺、设备、造型、营销方式，研究出新的技术参数、标准、技术开发和市场开拓等课题。

服装设计，包括时装设计与成衣设计等几个方面，设计师的主要任务常常表现为一种对形式（款式、色彩、面料）的建构。基本过程必须在设计师的头脑中进行有序的协调。这就是"观察——思考——

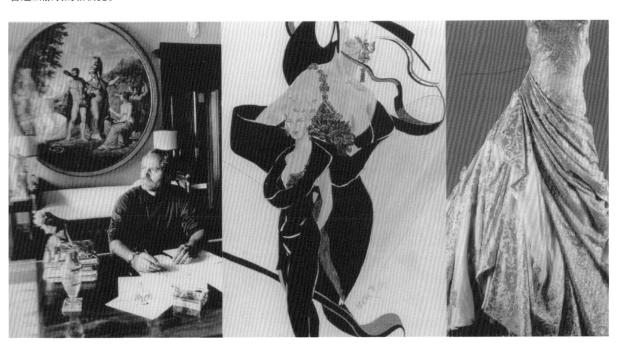

范思哲设计的高级时装。

计划——实施"的工艺流程。其研究和设计的对象既包含设计的主体——人、设计的对象——物，也包括服装品牌或设计师自身的风格等设计思想与设计语言的表达。

服装的造型设计无论是在材料的表现、结构的处理、色彩的搭配、功能的调节上，还是其他一切可以尝试的地方都要考虑到如何满足人的生理和心理上的要求，从而创造出令人满意的着装产品。服装设计过程是对服装进行艺术造型并用织物或其他材料加以表现的过程，即以衣料作为素材，以人为对象，将面料设计、裁剪、缝纫、整理，做成服装后穿着于人体的过程。

服装设计流程应包括以下：

1. 收集资料

了解市场的各种信息，做好充分的调查研究。调查对象有：原料批发商、成品销售商、消费者生活结构的变化和竞争对手的产品状况等，内容包括同类产品、价格、销售量、成本和利润等，也包括对市场环境的调研，以及制订服装设计市场营销策略定位等。

2. 规划设计风格

在构思之前，要目标清晰地考虑设计的大方向和设计的效果。即谁（Who）、什么时候（When）、什么地方（Where）、什么目的（Why）、什么样子的服装（What）、数量多少（How Many）等。确定产品造型、产品质量、产品特色、号型设定、商标设定五个方面。根据市场调查和企业品牌战略对产品的要求，设计师加上自己对艺术形态的独特理解（素材、技术、色彩、细部），绘制设计图，可以是草图，也可以是表达创意的服装效果图。企业用的服装效果图，被看做是一种设计图纸和初级方案，一般要提供的数量是所需数量的 3～4 倍，多为系列产品。由于只是构思的图样，可以没有明确的尺寸。

3. 确定设计方案

确定设计方案包括产品造型、产品档次、产品批量、价格设定四个方面。设计师重点要考虑技术细节，包括从素材、技术、色彩、质地、完型性及后处理几个方面来确定与创意相吻合的面料、辅料等。

4. 样品制作

样品制作包括选择材料、样板制作、试制基础型、制作样品四个阶段。根据服装效果图所表现的服装造型特征及其着装效果，确定其不同的比例、尺寸的正确位置，画出剪裁的式样及其构成部分，通过剪裁和缝纫工艺来实施设计效果，使之具象化或实物化。服装样品制作中，其成衣尺寸要规范、标准，各个部位的结构要准确、合理，整个工艺要精细考究。

5. 审查样衣

对最初的目的和效果再一次检查与校正（包括形式、衣料、加工工艺和装饰辅料等）。

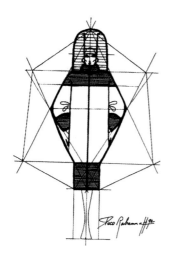

规划设计风格。

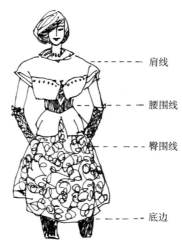

肩线

腰围线

臀围线

底边

绘制设计图。

人台上的样衣。

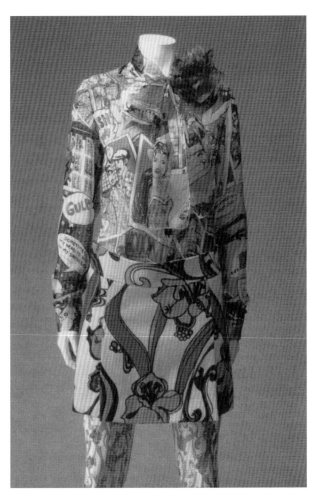

审查样衣。

6. 制作工业性样衣和制定技术文件

包括纸样、排料图、定额用料、操作规程等。样品确定后，即可计算工时、编排工序，为车间生产安排计划，开始批量生产。

7. 产品展示、宣传及推向市场

在批量生产、号型齐全的服装进入市场之前，一般还需要举办不同规模的服装展示会，并利用各种媒体等对产品的特性进行广泛宣传。同时，产品经过整理、定型、包装后，通过有效的销售渠道和销售方式将产品推向市场。

随着科学技术的发展，欧美等国已研制出服装计算机辅助设计与制造（CAD／CAM）系统、信息管理技术的ERP等，给设计与制作服装带来了革命性的变化。计算机辅助设计作为现代化的设计方法，其系统通过计算机、绘图与显示装置以及数据库的配合，实现人机之间信息的交流。通过人机互补，可以大幅度地缩短设计周期和提高设计质量。计算机不仅可以很快完成服装效果图的绘制，表现出手绘无法达到的直观效果，还可以直接帮助和控制生产、绘制结构图、进行排料裁剪甚至安排生产流程等。如美国的格柏（GGT）服装款式设计图案配色系统，可以存储八百多万种颜色以供选择，应用于服装款式和面料图案设计，可以减轻设计人员的繁琐绘图、着色劳动，增强直观感，即使是量身定制的板型制作也将和成衣一样的简易。其自动裁割系统，一次可裁面料幅宽为1.7m，可裁最大厚度为在真空吸附状态下7.2cm。因此，在高级成衣生产中，科学而经济的工业程序为提高生产效率、节约生产成本提供了极大的可能性。因此，作为一名服装设计师则必须掌握以"计算机化"为核心的现代设计方法。

（四）服装与人体的关系

雕塑、舞蹈和服装都是以人体作为表现对象的艺术。其中服装常常被视为一种掩盖身体或个人真相的面具，一种表面装饰。然而这种认识是肤浅的，我们应该将穿衣的方式看成是一种建构及表现肉体自我的积极过程或技术手段，是人体内外修饰在服装

服装美学的功能是突出人体，强调美的造型。

服装设计要注意形态塑造，表现优美的女性曲线，这是女人独一无二的特征。

依据人体自然曲线设计的旗袍装造型优美，富丽高贵。

女子赤裸的健美身体。即使是着衣人体，也只是被很少的衣裙所遮盖。为了突出身体的美好姿态，他们让衣服紧贴身体，让衣褶的起伏来揭示人体的美感。这种古希腊式的衣裙，对后来的成衣界产生了深刻的影响。

"体形造就服装，服装改变体形"。服装是包裹在人体上的造型，被称之为"人体包装"或"人体软雕塑"等。设计时，除要考虑人体的起伏凹凸外，在创作中还要考虑人体运动及空间的因素。因为服装是人的形体美的自我表现，服装设计必须符合人的形体和丰富多彩的活动方式以及在活动方式中所形成的立体造型。在设计时，无论是长袖还是中袖，必须适合臂部的弯曲；裤子的设计必须适合蹲、散步、弯腰、跳跃、坐、跪等各种姿势，活动幅度大，必须留有余地等。从人体本身来讲，各个部位的构成都有一定的比例关系，如身长与中腰位置、身长与臀围位置、膝位与中腰位置的相距关系，脚踝与胫骨等一系列的比例，都直接影响到服装的造型，其着装也应有所区别。服装设计师的任务是依据每个人不同的形体特点来设计具有独特风格的服装，人体体表的起伏决定了服装收省、打褶的位置和程度。俗话说"量体裁衣"，可见人体与服装关系极为密切。

服装是人的外在美的具体形式，对人体起烘托作用。通常所说的胸围、腰围、臀围三围之间的比例，关系到服装造型是否符合人体的健美标准。现在许多

上的特定反映。身体的"活力"往往通过服装、装饰和手势的安排得到表现。可以说，服装的主要美学功能就是突出人体的美。

人类的形体本身就是比例适当、结构匀称的立体，具有空间感和雕塑感。男子，有宽阔的肩膀，肌肉发达的四肢；女人，则有圆润的肩膀，丰满的乳房，在纤细的腰身下又有向外扩展的臀部等。"荷马时期"的希腊人，在运动和竞技中，发现了人类这一天赋的美丽形体，在他们看来，一个人只有有了健康的身体才可能有健全的精神。从古希腊的雕刻和绘画中，到处可以看到男子和

范思哲设计的高级礼服。

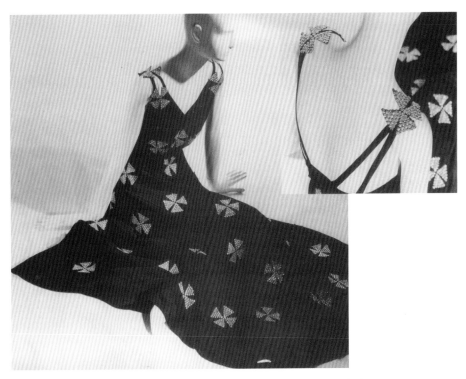

桑德拉·罗兹（Zandra Rhodes）设计的黑色真丝塔夫绸晚装（1939 年）。

女性穿着文胸、腹带等内衣，以改善自己的身形；采用收省、横断、竖断的剪裁加工技法来塑造人体的美，强化人体本身富有曲线、柔美的部位，纠正或掩饰不对称、不协调的部位，进而把服装与人体结合为一个完美的整体。

　　随着社会的不断发展，时尚无所不在地影响着人们的生活，服装除用来表达身体形象外，常用"流行"来显示人的"新形象"，彰显人体美的时尚感。一个时代推崇什么样的形体，塑造和夸张这种造型的时装便会应运而生。了解人体流行时尚的规则，是流行服装的设计之本。在大工业生产的成衣设计中，为使服装与人体的关系更加契合，服装总是在以下三类板型中变化：瘦身型（简约风格）、合体型（经典风格）和宽松型（休闲风格）。瘦身型服装又称贴体型服装，在崇尚魔鬼身材的美身观念影响下，流行时装把它当作夸张或浪漫的标志。合体型服装由于能"适应地表达人体的基本线条"，为较多的体型塑造出良好的比例和曲线，而成为许多经典样式的常用板型。宽松型服装由于略去了人体大多数的细节，使它成为"不尽如人意的体型"的主要板型，如休闲化的衬衣、夹克、外套、西服等。

　　总之，服装设计不能孤立地就服装论服装，服装的美必须借助人体来表现。著名服装设计师克里斯汀·迪奥（Christian Dior）在论及服装与人体的关系时，认为主要表现在两个方面：一是服装只有通过人穿着才形成它的形态，服装是以人体为基准的立体物，是以人体为基准的空间造型；二是服装随人体活动而活动，是具有变化的时间造型。

（五）服装设计的原则

1. 人的尺度

　　20 世纪 80 年代，美国经济学家赫伯特·西蒙（Herbert Simon）在他的《人工科学》著作中提出："对人的恰当研究，在很大程度上是一门关于设计的科学"。服装设计以人性为出发点，因此必须体现"以人为本，以人为先"的设计原则。在人与物、环境的关系中，心理和生理因素常常是一致的，但又有各自的特殊性。心理因素包含文化、审美、习俗、习惯、情感等因素和随机性；生理因素主要指人体结构对物和环境的适应。人体工程学（Ergonomics），就是对这两方面进行综合性研究的一门学科。在中国工艺思想中注重实用的观点在本质上就是体现造物合于人的尺度的人体工程学的基本思想。这一思想应用到服装设计上，就是必须对人的形体比例、尺寸进行度量，如身体的高矮、体型的胖瘦、肩的宽窄以及肩、胸、腰、臀之间的距离和围度所形成的整体外形曲线及由此所产生的韵律、美感、活动范围等。成衣设计还要采用若干基本的度量尺寸，计算出整个服装的比例，为生产提供技术参数和科学依据。

在服装中体现出设计师对人的体贴与关怀是赢得顾客的关键。从面料质感、色彩的选择到款式、尺寸的确定，再到领口、袖口、扣位、兜位的设计，甚至里衬、垫肩、兜布等的细微处理，无不体现出设计师的良苦用心。消费者于细微之间体会到设计者的心意，必然会产生对品牌的信任感。

2. 整体设计的原则

服装各部分的总和称为整体，它包括发式、面妆、首饰、衣装、鞋帽和各类服饰配件等。如何将服装的各个局部以最为恰当的形式组织成一个统一整体，是服装设计的一个基本原则。在整体设计中，各局部因素采用接近性、类似性、连续性、规则性的手法求得遵从于总体概念的构成完形。另一种方法是利用对比和突出中心的均衡互补手法达到相对意义的统一，而"协调"便是这种关系趋于和谐的主要特征。

3. TPO 原则

着装要适应时间、地点和场合。

服装所具有的实用功能与审美功能要求服装设计者首先要明确设计的目的，要根据穿着的对象、环境、场合、时间等基本条件进行创造性的设想，寻求人、环境和服装的高度和谐。这就是我们通常说的服装设计必须考虑的前提条件——TPO 原则。TPO 原则是日本男用时装协会（MFU）在 1963 年提出的。所谓 TPO 即英语时间（Time）、地点（Place）、场合（Occasion）的缩写字头。在服装设计过程中，只有了解穿着者的个性、所处的环境和服装的种类并与材质、形态、色彩三要素进行综合考虑，才能把握住服装设计的起始方向。这里，"时间"包括两个内容：一是指一天，分早晨、白天、晚上；二是指季节（春、夏、秋、冬），是纵向的。"地点"是讲因地制宜，着装要与所在的地点协调，是横向的。

显出男士刚柔并济的工作装。

简洁而细腻的牛仔装，让人感受到时尚的设计风格。

时尚的流行女装。

时髦而优雅的公务员职业装。

而"场合"却是纵横兼容，着装要与所处的场合的气氛协调，是着装艺术最后效果的综合体。这一理论提出后，便在世界迅速传播，从而延伸到包括男装、女装在内的一切服装文化，成为时装的审美观照，形成了新的TPO原则。它告诉时装的设计者、生产者、消费者，无论男女都要注意时间、地点、场合的不同，穿衣打扮的审美要求也应该不同。如果不顾TPO原则，其效果必然适得其反。

4. 附加值的体现

附加值指对产品的额外价值所进行的设计与创造。附加值的创造作为提高设计价值的有效方法之一，已引起世界著名时装设计机构和服装企业的广泛重视。一些蕴含新材料、新工艺、新功能，凭借完美统一的品牌形象和文化内涵，具有较高声誉和社会影响力的名牌服装，由于不同的价值取向造就了超越产品实用价值以外的多重附加价值概念，使服装在满足功能性的使用过程中，更加全面具体地满足使用者的精神需求。正确理解、运用并创造服装设计相应的价值体系，是服装设计师应遵循的原则之一。

高级时装担当着提升产品品位，创造高附加值的品牌重任。

日本时装设计师三宅一生设计的高附加值的名牌时装。

海军蓝羊毛斜纹套装（夏奈尔商标，1985 年）。 服装设计效果图。

5. 变化原则

变化是客观存在的规律，时代的变化和服装设计的变化，是两个相辅相成、互为因果的变量因素。时代的进步，新科技、新材料的发明和运用，大众消费观念的提高，审美情趣和社会文化意识的增强，都直接影响着设计的变化形态。就服装设计本身而言，从设计到生产到销售，如何及时预测和掌握市场流行变化及发展趋势，制定新品种的开发设计战略，是设计师应遵循的原则。在设计中唯有变化是永远不变的原则。

二、中西服装设计文化比较

中国的服饰文化与西方的服饰文化在相当长的历史时期内，在相对独立的环境中，各自形成了自己的文化体系。两者无论从文化深层心理、哲学思想、审美取向、价值观方面来说，还是从服装的外部形态来说，都存在着明显的差异。通过分析比较，可以了解历史上中西服装文化的发展轨迹和各自的文化特征及造型理念。

（一）中国服装设计文化

服装是文化的一种表现形式。它融合科学技术、社会制度、哲学观念的内容，从而形成自己的文化特征。在我国，服装审美与传统文化有着密切的联系，华夏祖先认为礼仪之大为"夏"，称服装之美为"华"。在华夏文化中，衣冠是"礼仪"之规，把礼仪和服装视为民族之范以及"道德"的法度。中国古文化的核心即"天人合一"的哲学思想，把服装提高到了"治国立本"的地位，尽管中国历史上历代王朝起起落落、变更跌宕，但服装基本保留着宽衣的造型，宽松的平面直线裁剪。由于服装色彩受《易经》阴阳五行（水、火、金、木、土）学说的影响以黄色为重，象征中央，青色象征东方，红色象征南方，白色象征西方，黑色象征北方。形成于先秦时期的青、红、皂、白、黄正色理论与间色理论，对中国服装色彩产生了重要影响。由此，服装被纳入到社会观念的大系统中，开始了它的变化与发展。当服装艺术融入礼仪教化、伦理道德、宗教训诫的内容后，便摆脱了具象、表象的束缚，逐渐形成了独特的意象艺术。表现为：

（1）追求精神功能，注重、强调表现人的精神、气质、神韵之美，不强调服装与形体的关系。通常只有前、后两片，因为要有利于活动和隐蔽人的身体，其造型线就像中国画的"笔情墨趣"，取宽松随意式，做得十分宽大，顺应"形残而神全"的中国服装写意体系，再赋予服装各个部分以特定的含义。如中国古代服装中的云肩、霞帔，从它的命名上就可以体会到一种飘然若仙的感觉。这反映出中华民族传统服装设计中的美学观念和强烈的东方风格。

（2）中国服装文化属于一元文化的范畴，具有大一统观念。着装者注重群体意识，个体着装必须融入整体与群体着装意识之中。通过服装的造型观念去强化整个社会的精神内容，因此，人们在穿着中习惯于不去突出个性。

（3）中国在服装的造型上重视二维空间效果，结构上采取平面的直线裁剪方法。中国服装的悬垂感是独一无二的，这取决于服装的材质即丝织品。丝绸的柔软和轻盈，使服装上端定位在肩部或腰部，取宽松肥大式。中国画史中"曹衣出水，吴带当风"，虽说是衣纹的两种线描特征，也是东方服装的写照。

这种构成不重服装的"形"，而重服装的"态"，以表现着装者的人格内涵。如爱国诗人屈原，就把深衣视为"以和天人，以格治理"的象征，以深衣飘襟逸裤的奇伟之意，表现其傲视当世的浩然之气。

魏晋南北朝时的杂裾垂髾女服。

穿襦裙、帔帛的唐代宫女。

宽衣博带、飘逸流动的唐代服饰风格（叶毓中绘）。

（4）中国人的服装是用来保护人体的，所以做得十分宽松。其服装造型具有东方人整体、内省、静观、象征等特质，追求人与自然的融合，隐藏人体于服装之中。宽衣博带，相对于西方来说，其样式几千年来变化不是太大。但对服装表面的精美装饰的追求是世界上其他民族所不及的。在形式美法则上多体现在对称、和谐、统一的表现手法，使服装显得端庄、含蓄。其最终指向的仍是伦理的精神意义。

（二）西方服装设计文化

纵观欧洲艺术史，每一个时代都有反映其时代精神的艺术思潮，而艺术思潮在很大程度上都会影响该时代的服装风格和人们的着装方式，即服装审美意识。林语堂先生在《生活的艺术》中说："西装意在表现人身形体，而中装意在遮盖它。"这和中西方的思想传统不同有关。在西方，人体文化源远流长，从古希腊起就非常重视人体美，服装也常被看做是人体艺术的一个组成部分。毕达哥拉斯（Pythagoras）直接用数和比例来研究人体，他所发现的"黄金分割律"，对于今天的服装设计的影响仍然深远。由于对人体生理上的合规律性研究，形成了强调胸围、腰围和臀围，显露体态的写实服装风格。主要体现在以下几个方面。

（1）西方服装以表现人体的本质美为前提，在服装造型上强调三维空间效果。意大利女装设计师施爱帕尔莉（Elso Schiabarelli）认为，时装设计应该有如同建筑、雕塑般的"空间感"和"立体感"，而形体是不能被忘记的。在结构处理上，为裁剪得体而发明了"收省"，通过各种精密的省褶、衬垫、压缩等工艺，使服装与人体贴合得更加自然，以充分表现人体形态的曲线之美。西方服装讲究外轮廓线，对肩、腰、臀的主要大体部位进行有意识地强调、夸张、突出的区别，如西服用垫肩来强调男性的刚毅和力量，而用鲸骨支撑起的长裙则强化和夸张了女性的臀部。

（2）西方服装文化属于多元文化的范畴，表现出用服装突出、显示个性，反对相同的、类似的服装。他们需要有个人的独特风格，以此来表示对自我价值的肯定。

突出人体背部的曲线之美。

（3）西方服装的造型观念带来了服装形态的变异性、丰富性和创新性。时代的发展，导致时尚与流行的追求和设计师的出现，而服装流行变动又给设计行为带来服装多样性的创造。

（4）服的审美追求"真"，注重"形"，西服预先通过裁剪、缝纫工艺而固定成形，结构明确。穿在身上仿佛一层"壳"，具有单纯的审美意义。在形式美法则上，西方的服装设计师对纯粹的形状、色彩、质感等形式因素有特殊的敏感。使服装以抽象的形式美追求外在造型的视觉舒适性，常采取自由的非对称性、不协调性的服装造型方式。

（5）从女性的穿着上看，同样可以解构出东西方人不同的审美观。如西方女性的服装直接强调女性人体的性感特征，常常喜欢穿大大咧咧的袒胸露背式的服装；日本妇女所穿的传统和服露出背后优美的颈部；而中国妇女则只是露出桃红色的衣服里子。从中可以看出东西方人不同的审美心态，西方女性的浪漫、日本女性的腼腆、中国女性的含蓄。

　　从艺术风格上比较，不同国家的文化传统形成不同的服装文化风格。法国服装设计帅的作品，整体特点是前卫、浪漫，表现手法相对夸张、丰富；意大利服装设计师的作品，板型相对严谨，表现手法时尚，色调较稳；伦敦的服装则是二级绅士与朋克兼现；纽约的服装受其经济的影响，较为实用、简洁和自由；而日本的服装受东方文化影响，整体上具有东方情调，表现手法上常通过线的分割来呈现一定的几何造型，塑造前卫风格，这在国际时尚之中逐渐被认可和借鉴。

　　纵观中西服装设计文化的发展历程，不同服装文化间的相互交流、渗透和融合，促进了各自的服装文化和人类共同文明的发展。随着信息技术和国际互联网络日新月异的进步，文化传播速度的加快，中西服装设计观念相互取长补短，其差异正在淡化。现在时装界本身不仅已经国际化，讨论时装的话语也国际化了。在这种情况下，以消费为目的的时装同时利用了异国情调、原始主义、东西方主义和未来主义的话语。在这一过程中，追求异国风味的冲动在具体的文化氛围中仅仅揭示了种种区别和表现在对常规的突破。因此，全球经济一体化的现象，将会进一步加快世界服装潮流国际化的步伐。

"吉布森女孩"形象，线条呈夸张的S型，曾风靡一时。

紧身黑色套裙，露出女性迷人背部和腰部曲线的时装。

突出三围、显露人体曲线之美。

西方服装袒胸露背，体现人体形态之美。

基础理论——
服装的产生、发展与社会功用

课程名称：	服装的产生、发展与社会功用
课程内容：	服装的起源 社会变迁与着装 服装的文化属性与社会功用
课程时间：	5课时
教学目的：	让学生了解服装的起源和服装发展的历程，认识服装继承与发展的关系，包括服装的社会功用与文化属性。
教学要求：	通过对服装发展历史的学习，分析服装纵向的传承与发展的相互关系，服装横向与经济、社会、文化发展的联系。

第二章　服装的产生、发展与社会功用

一、服装的起源

（一）服装与人的需求

服装的起源，研究"人类何时穿衣"与"为什么穿衣"的问题。服装的创始与人的需求是紧密联系在一起的。当代心理学研究表明，人的行为是由动机支配的，而动机的产生主要源于人的需求。因此，需求→欲望→设想→制作→功效实现，类似于生物链似的一个过程，衬托出设计作为核心环节的独特构成样式，构成一个人类行为的活动结构中，设计与人的本质特征的一体关系。

所谓需求，主要指人在生存发展过程中对某种目标所产生的欲望和要求，欲望从根本上来说是一种心理现象。行为科学家通常把促成行为的欲望称为需求，需求是产生人类各种行为的原动力，是个体积极性的根源。人类为了生存和生活，必然会产生各种各样的需求，而动机是在需求的基础上产生的。按照美国心理学家马斯洛（Mas Low）于1943年在《人类激励理论》论文中将人类的需求分为：生理需求、安全需求、社交需求、自尊需求、自我实现需求和超自我实现需求六个层次。这种由低层次向高层次发展的需求概念，基本上概括了从物质到精神需求的全部内容。人类需求的满足大致是通过自然环境和人为环境两个方面来完成，服装设计反映了人类自身的装饰心态和装饰现象的存在。人类在改造世界的同时，改变着自己的生活方式和行为方式，同时也表明了实用与审美统一的功能和价值属性，所以服装的设计在满足人类不同需求的层面上具有重要意义。

那么，人类服装起源的动力或原因究竟是什么呢？学术界一直存在着不同的看法，其中最有代表性的观点有：

（1）为了适应气候的护身御寒的保护说。

（2）为了美化自我欲望的装饰说。

（3）因为男女性别不同而产生的蔽体遮羞以及吸引异性的隐蔽说。

（4）为了保护身体不受恶鬼侵袭的护符说。

其他还有巫术说、图腾说、社交说、游戏说、模仿说等。而美国服装心理学家赫洛克（E. B. Hunlock）认为：这些说法都还不能确切地说明人类装饰和衣着的起源，只有当人类逐渐有了关于服装怎样影响穿着者和观赏者的一定知识以后，才能自然产生上述的各种动机。因此上述观点尚不能充分、完全地回答服装起源的问题。但从现存原始民族的调查研究来看，服装起源的因素应是多方面的，也许因为时代、地区等条件不同，各以某些原因为主。我们通过不同的角度去理解和看待这个问题，对我们了解服装的起源很有意义。

我们今天的社会是从蒙昧野蛮的原始社会发展

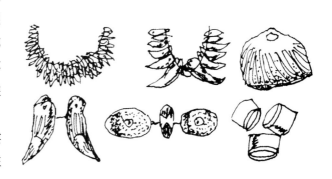

旧石器晚期的人体装饰。

太平洋群岛土著民族的身体装饰。

太平洋群岛土族民族的头部装饰。

而来的。作为与人类文明息息相关的服装就像历史的链条，联结着原始人群和发达的现代文明社会。研究服装的起源，对于我们探寻服装设计的历史，理解服装的本质是必不可少的。

（二）骨针与串饰——服装发生的标志

对远古人类的着装而言，现已发现了距今约两万年的用于缝纫的骨针。北京附近的"山顶洞人"以及分布在欧洲、非洲、西亚一带的"尼安德塔人"几乎同时发明了缝合兽皮用的骨针。原始缝纫工具骨针的出现，意味着人类已告别赤身裸体的时代，生产技能已经提高到可以将兽皮等缝缀起来护身御寒，而这一行为便是人类创造服装的第一步。骨针作为人类服装文化的杰出标志和信物，标示着人类的造物生产已开始向审美的方向发展。

沿着人类着装的审美趋向，进而可以发现纯装饰性造物品类——串饰的存在。早在旧石器时代晚期的文化遗存中就发现了石制的串珠，骨制的头饰、耳饰，牙制的项圈以及贝制的臂钏等，这些原始初民们所制作的串饰，虽然大部分取自大自然中天然材质，而且缺少精细的加工，但却包蕴着诸多深刻的装饰要素——对称、均衡、光滑、对比等形式，具有深远的美学意义。人类在服装上对美的追求和形式感受与在原始手工制造中长期培养的对形式的感悟和形式美的感受能力是一脉相承的。格罗塞在《艺术的起源》[1]一书中写道："世界上只有裸体的民族，没有不装饰的民族""他们情愿裸体，却渴望美观"。正是这些对美的渴望和追求，成为服装产生的根本动机之一。纯装饰造物品——串饰的存在，成为人类注意自身美观，利用外部器物来修饰、美化自身的开始。这种普遍存在于早期人类心目中朦胧的审美意识，对服装与文明的起源提供了重要的启示，它是人类走向装饰自己、美化自己之路的一个里程碑。

（三）服装的基本形制

服装的形制离不开人的基本形，因此服装外形应

---

[1] （德）格罗塞. 《艺术的起源》. 北京：商务印书馆，1984：10。

依据人体的形态结构进行新颖大胆、优美适体的设计。服装在历史上出现的基本形制可概分为以下几类。

1. 披挂式

披挂式是属于原始衣着的遗留。最早人类用树叶、草藤、兽皮披裹于身御寒，当能编织布料时，才用布披裹于身。如我国凉山彝族的察尔瓦、披毡等均属于这类披挂式服装。

2. 贯头式

贯头式指把布从孔洞直接套在身上的穿衣方式。即在一块长方形的布中间开一孔洞作为领口，当把头套进去以后，前、后两片布自然下垂，可用腰带系之或加纽扣。其孔可圆、可方，也可呈菱形。我国古代称之为"贯头衣"。将两块布上端的一处或两处缝合，从中部套头的古希腊长衣和古罗马的圣带等都是贯头式服装。欧洲中世纪的卡尔玛提卡装就是把布料裁成十字形中间挖领口，在袖下和体侧缝合而成的宽松式贯头衣。

3. 门襟式

门襟式指前襟式服装，着装方法类似于短和服。它是从贯头式发展而来的，即把贯头式服装的两侧缝合，以避免两侧翻卷，为了便于穿脱，而在前部的中间开口。我国古代的褙子、日本的和服都属于门襟式

服装。此外，还有一种斜襟式是沿口向下为斜襟形成左交于右襟上的领式。衣的两侧各有一小布带供系紧衣服用。

4. 缠绕式

缠绕式指将长方形或半圆形的布料缠或披在身上的穿着方式。这种穿着方式没有固定的服装形态，只是把一块平面的布料卷在人体上。古埃及的缠腰布，古希腊、古罗马的大长袍等都是典型的缠绕式着装方式。

5. 分体式

分体式指上装与下装分开着装的形式。古称："上曰衣，下曰裳"。这是我国古代服装的基本形制，如自汉代开始流行的上、下身成套的襦裙装。除上衣下裙外，还有上着衣、下穿裤。在欧洲，古代波斯的王公贵族都是上穿宽松大袍——康迪斯（candys），下穿裤子。

6. 连衣式

连衣式指衣裳上下相连的着装方式。我国古代的深衣、袍服等均属于此类着装。连衣裙也是由上衣和裙子合成一体构成的裙装，腰部分割时根据腰部位置的变化，分为自然腰线的连衣裙、高腰连衣裙、低腰连衣裙等。

唐代戴花冠，梳椎髻，着襦裙帔帛的贵族服装（《宫乐图》）。

明代女子的宽袖褙子装束。

旗袍装的现代演绎。

二、社会变迁与着装

（一）服装随时代而嬗变

《圣经》告诉我们，人类第一件服装是亚当和夏娃设计的，但这仅是传说而已。根据民族学的调查资料来看，衣服的式样是逐渐发展的。最初先民们利用野生的山草、树皮乃至兽皮，经简单制作，用以御寒护身。而原始的手编又促使纺轮的出现，在河姆渡、庙底沟等中国新石器时期居住的遗址中，都曾发现过各种形制的石纺轮和陶纺轮等许多纺织工具。这表明七千年前的人类就已能用植物纤维来纺纱织布，并从根本上改变了人类的着衣状况，开始了真正意义上的穿着衣裳。中国的原始纺织技术不仅织造出麻织物、毛织物，而且还织造出世界古代史上独特的丝织物。各种纤维材料的应用，为服装的形成和发展奠定了坚实的基础。

清代学者叶梦珠说："一代之兴，必有一代冠服之制，其间随时变更，不无小有异同，要不过与世迁流，以新一时耳目。其大端大体终莫敢易也。"[1]

所谓"一代之兴，必有一代冠服之制"，就是指服装的时代性。

中国古代服装类型分为套装式的上衣下裳制以及整合式的上下连属制，形成了服装设计的两种基本形制，各个时期的各种类服装均按照这两种基本形制发展变化。始于周代的章服制度，使服饰成为官职大小与等级身份的标志，如冕服、弁服、元端、深衣、袍、裘等在不同的场合穿着的服装，有很繁细的规定。《管子》一书中说："昔者桀之时，女乐三万人，端噪晨，乐闻于三衢，是无不服文绣衣裳者。"[2]这里所谓的"文绣衣裳"即妇女们穿的以绫纨缝制的衣裳，从中可以看出当时服装设计和制作的水平以及高度发展的服饰审美意识。春秋战国流行"胡服"；秦代流行"花罗裙"；汉代流行"衣必锦绣"；魏晋南北朝流行"褒衣博带"，此装束尤以文人雅士居多；盛唐出现的袒胸露臂、宽衣大袖，可谓衣褶飘举，富丽堂皇。周濆在《逢邻女》诗中云："日高邻女笑相逢，慢束罗裙半露胸"即是描绘这种装束，足见唐人思想开放的程度；宋人受程朱理学的影响，焚金饰、简衣纹，服饰向典雅清秀方向发展；明代是中国古代服饰发展史上最鼎盛的朝代，由于恢复汉制，服饰华丽异常，盛行刺绣吉祥图案，追求庄重大方；清代则趋于服饰的繁丽和工艺的精巧。在中国服饰发展史中，妇女所穿的襦裙、半臂、褙子、比甲流行时间最长，成为唐代至明代千余年妇女穿用的服装。据史载，章服制度一直沿用到清末，其间虽有增删改易，总体来说还是一脉相承的。到封建社会末期，西洋文化逐渐东行，留学生脱长袍马褂，换西装革履，也都与当时所处社会的意识形态的变化有密切联系。

近代，开始出现西装、夹克、大衣，另外长袍、长衫、马褂、坎肩仍在流行。女服出现了由满族旗人袍服发展变化而来的旗袍，其结构方式由原来的"大裁"，即平面裁剪，演化为拥有省道、装袖、斜肩缝等属于西式服装结构内容的立体裁剪，裁制得合身适体。女子着装配上相应的胸饰、首饰、高跟鞋，体现出秀美的身姿，仍然表现出中国服饰独特的风格和体系。

服装随时代的发展而变化，在西方也是如此。古希腊的服装是以一种"不缝纫"的衣服而缓慢沿革

❶ 叶梦珠，《阅世编·冠服》. 北京：中华书局，2007：9。

❷ 房玄龄.《管子》. 上海：上海古籍出版社，1989：9。

明代官吏朝服——文一品官礼服。

宋代大罗袖衫、长裙，贵妇穿戴展开图。

新洛可可时代流行的金字塔状的裙子（1850～1870）。

的。"缠身型"服装披在身上一种是借助别针、金属扣来固定和系结；另一种是以方形织物制成的大斗篷和小斗篷，靠纺织品悬挂时自然形成的褶裥和皱纹产生丰富多采的外观效果，常用作正式服装。古罗马服装基本继承了古希腊的形式风格，讲究比例、匀称、平衡、和谐等整体效果。14世纪以后的欧洲，建筑对服装产生了重要影响，出现了哥特式服装、巴洛克式服装和洛可可式服装。17世纪的宫廷时装风靡一时，在时装方面一直处于领先地位，至19世纪后期，法国的时装潮流一直为世人所注目，因此巴黎有"世界时装之都"的美誉。可以说，左右服装发展的不再是君主、政府和宗教，而是生活在现代文明中的人类，

他们在设计着自己的外在形象和生存方式。服装在此时才真正与人的身心紧密地结合起来，而这正是服装的本身意义所在。

正是由于高级时装业的初步形成，代表着服装设计与其他领域同步跨入了新的时代，开启了以设计师左右时尚的历史。20世纪初期，受装饰艺术运动的影响，以法国服装设计师保罗·波瓦赫（Paul Poiret）为首的革新派借鉴东方服装的风格，对沿袭19世纪而来的女装进行了造型、色彩、剪裁结构上的重大改良。其主要贡献在于取消了禁锢女性长达三百多年的紧身胸衣，打破了以S造型为主流的服装流行趋势。而在表现形式上，也是西方服装设计师从东方服装中吸取灵感，成功改造西方服装的典型案例。受现代主义风格的影响，法国著名设计师加布里埃·夏奈尔将女装简练化，将一切奢侈和高级感蕴藏于简朴之中，以简朴取代繁琐。受她的影响，更多的设计师在服装设计上进行各种现代主义风格的尝试，追求新的创造性，成为这一时代的特点。尤其是商品

化生产使服装成为流行生活的重要组成部分，成为人们时尚中最有代表性也是最重要的部分。

到 20 世纪后期，后现代主义艺术设计代表了当代文化、审美的变迁。其文化商品实践最突出、最有代表性的领域之一的是时装。随着社会生产力极大的发展，物质极大丰富，人们的价值观与审美观也发生极大变化，于是适应现代社会生活方式的成衣时装大行其道，这种批量的时装生产方式成为服装业的主流。它不仅令时装艺术得以在工业化时代发扬光大，而且丰富了工业化成衣的人文内涵。这种设计理念强调材料、意象风格的多元化，从而改变了以高不可攀的上流社会时装为主流的时装文化。服装在各种哲学、艺术思潮的影响下有了更多的表现形式。尤其是现代网络技术的发展使地球成为一个"村落"，计算机、信息技术的影响已深深渗透到服装设计领域。计算机在设计上的运用，使设计、配色、面料、排板、打板、推板甚至营销更加快捷简便。

时代，是一个时间的概念。代者，迭互之意，是历史的更迭和延续。服装发展的历史告诉我们，无论是昨天还是今天，每个时代时尚的服装都是当时人们审美趣味的物化，它与不同的地域、社会、种族、阶级的群体紧密联系在一起，相互影响，形成风格各异的服装文化传统。科学及工业的迅猛发展使服装向更高层次发展。今天的服装设计一方面表现出多元化、艺术化的形态；另一方面向着更有人情味、更强调功能与形式统一的方向发展。

（二）服装的继承与创新

传统是事物已有的经历、经验的积累，创新是事物发展的方式方法。从唯物认识论上讲，传统是已有的东西，创新是追求未来的东西。没有传统作为基础和参照就无所谓创新，没有创新也就没有发展，创新与传统是事物的辩证统一关系。

在服装史上，与时迁移，推陈出新，外来影响，自身代谢，使它变化不居。从纵的方面说，表现为时代性；从横的方面说，表现为流行性。所谓爱美之心人皆有之，装束打扮形之于外，人所共见，在诸多因素作用下，一种耳目一新的式样，一个争奇斗艳的变革，很容易造成竞相仿效。

韦斯特伍德借鉴 18 世纪布袋礼服的褶裥造型和 19 世纪用填垫方式隔开衣料和身体的技术设计的时装。

20 世纪 70 年代伊夫·圣·洛朗（Yves Saint Laurent）设计的"毕加索"系列作品。

历史上，许多经典式样对其以后的时装设计都产生过深远的影响，甚至被设计师当作一种母型来进行长期的模仿，从而由当时的时髦变成日后的传统。例如，美国的一种叫做"Shirt-waist"的西式衬衫连衣裙，其特点是上半身包括领型、袖型均采用男式衬衫式样，有长方形的前襟，剪接布腰带。这款式样流行了近一个世纪，成为美国及欧洲大陆时装设计师创新的母型。还有，加布里埃·夏奈尔在1923年推出的"夏奈尔套装"、克里斯汀·迪奥在1947年推出的"新外观"，均以独创的外形，完全领导了世界服装的流行，对以后服装发展产生了深远的影响。作品本身也变成了传统的款式，或者说成为古典的设计。中国的中山装、满族的旗袍、北方农村妇女穿的肚兜等传统式样，在历史上被演绎成具有东方情调的时装，同样颇受新潮男女的喜爱。因此，创新往往是以传统为基础。服装的流行，通常会发生周而复始的变化和演绎。近年来，国际时装流行的"复古""回

18世纪下半叶巴斯尔样式的法国贵族男女服饰。

瓦伦蒂诺设计的经典晚礼服和套装。

18世纪中期欧洲贵族妇女礼服。

借鉴世界各民族的服装，设计出细节优等的时尚品牌。

服装的结构美来自于时代的影响。

归自然"等趋势都是对传统服装的变革和创新。它反映了以下规律：

（1）优秀的传统服装式样是人类物质文化的宝贵财富，它的基本设计原则和完美的式样，在历史上经常被借鉴、运用到当代服装中。

（2）历史上某一传统服装式样的复苏，都有深刻的时代背景，它反映了当时社会的思想和审美趣味。

（3）创新必须着眼于科学技术的进步以及由此带来的生产方式、交往方式和生活方式的变化。

（三）走向绿色消费

衣、食、住、行是人类生活的四大元素。人们把"衣"放在首位，可见衣服对于我们的重要性。中国人口十三亿多，庞大的人口基数本身就组成了一个庞大的服装消费市场。当代消费文化的中心就是消费。理论学家詹姆森（Jameson）将后现代描述成全球购物中心，20世纪以后，是人类生产力发展最快的时期，社会商品极大丰富，所有人都将被消费所包围。这是一个物质过剩的时代，人们醉心于购买与消费。美国的整合行销传播之父唐·舒尔茨（Don E.Schultz）在《整合行销与传播》❶一书中认为：在势均力敌的商场上，企业唯一的差异化特色，在于消费者相信什么是厂商、产品或劳务以及品牌所能提供的利益。诸如产品设计、定价、配销等行销变数，是可以被竞争者仿效、抄袭甚至超越的，唯独商品与品牌的价值存在于消费者心中。品牌可以使消费者快速地从无数商品中辨认出自己所需要的，更重要的是品牌可以使消费者在心理上将自己划入某个档次，并因处于这个档次而自豪。正如法国的后现代消费理论学者让·鲍德里亚（Jean Baudrillard）所认为的那样，在当今的西方社会，人们消费的已不是物品，而是符号——"为了构成消费的对象，物必须成为符号"。因此，满足基本的需求和具有符号意义的所指是消费社会的物品所具有的双重属性，无论是满足需求，还是作为表征的符号，事实上它们都是指向社会的。

消费社会是唤起低碳环保的时代。服装设计发展到今天，随着人们生活理念的提升，已越来越认识到人与衣，人与自然，衣与自然三者之间的和谐关系。衣不可束缚或加害身体，人也不可破坏自然规律。服装追求自然地遮盖人体，人类本身是一切产品形式存在的依据，产品形式与性能应该适合于人的特征而存在。近年来，提倡的绿色设计（Green Design，简称GD），即所说的生态设计（Ecological

晚礼服设计效果图。

欧洲传统风格的女装设计。

❶ 唐·舒尔茨，《整合营销传播》. 北京：中国财政经济出版社，2005：5。

Design，简称 ED），要求在人、服装、环境三者组成的系统中，形成相互统一的有机体。这是强调设计在满足环境目标的基础上，应充分考虑其服用性能中的健康属性。今后的国际服装流行趋势将会强调生态环保与可持续性发展的理念，并贯穿于从原料、生产、加工到设计、穿着、废弃、再利用的整个过程的每个环节，与之相适应、匹配的材料设计和开发，将突出生态化、人性化、功能化和差别化的创新理念。因此，在绿色服装设计的过程中，应该具备以下条件：

（1）生产过程无污染化：即"服装设计→面料选择→工业制作→包装运输→销售"这一流程对产品及生产环境不产生污染。

（2）人体着装无污染化：即"着装→洗涤→再穿着"这一过程对人体健康不能产生不良影响，其有害物质含量不能高于国家和国际的相关标准要求。

（3）废弃过程无污染化：即服装可以循环回收再使用，可做降解处理，废弃处理过程中不能再释放有害物质，以免对空气造成污染。

除以上条件外，在服装领域中，绿色设计还出现了几种主要的表现形式：环保主义风格、自然主义风格与简约主义风格等。这是服装设计向人类自身本质回归的必然趋势。20 世纪 90 年代，欧盟国家纷纷立法，对本国生产及进入本国市场的纺织品、服装实行环保认证，绿色环保概念的服装在欧洲各国已蔚然成风。

三、服装的文化属性与社会功用

（一）服装的文化属性

文化就其本质来说，是人类智能活动的创造。人类凭借丰富的知识技能以改善社会生活的行为及其创造物，被称为文化。衣着服饰包含着人的创造过程和被物化了的人的意识观念，是人类生命活动中最具本质意义的文化形态和审美形态。它使站立起来的人类从此摆脱野蛮蒙昧的动物属性而开始进入文明的生活状态。可以说，衣着纺织的创造，在人类社会文明进步中具有不可替代的基础地位。

服装作用于人类赖以生存的社会，除充分满足人类物质生活需求以外，还体现在对人类精神文化的创造和发展的积极作用方面。服装发展史告诉我们，服装的进化在人类文明的各个时期都有特定的标记，其设计不仅是美化身体的手段，也是表现社会文化机能的一种符号，传达和表述着一定的文化信息和社会属性。就世界性服装文化的区别而言，大多数民族都有自己独特的形式和着装方式，有不同的设计和造型的风格，这些差别和特点，无疑涉及一个民族的社会风情、人文习俗、哲学信仰、审美意识、心理积淀和技术环境等宽广的领域。比如，西方文化以其基本的内容和特性，影响和决定着西方服装文化的审美内涵。在古希腊，毕达哥拉斯发现的"黄金分割律"，表现出对人体美、客观形式美的追求。东方文化注重服装的精神功能，服装作为政治的附庸而存在，在其审美观上，更偏重于伦理美之"善"的认同，强调服装与社会环境的和谐关系。

美国文化学者莱斯利·A. 怀特（Leslie A. White）认为：一种文化是由技术的、社会的和观念的三个子系统构成的，技术系统是决定其余两者的基础，技术发展则是文化进步的内在动因。每一次工具和机器设备的进步，都促进了制衣技术的不断完善，而每一次材料的革命，也加速了面料的更新换代。技术和经济以及艺术的发展，都会对服装文化产生持久的影响。因此，服装文化的演变直接反映社会的政治变革、经济变化以及风尚的变迁。

服装作为一种文化现象，具有显著的文化特性，这就是它的民族性、时代性、流行性和交流性。民族性构成各民族服装传统的独特风貌，时代性反映服装伴随社会进步的发展轨迹，流行性则显示服装发展的趋同特征。总之，服装的文化特征是使服装成为文化现象的结构要素，是认识和了解一个民族、一个国家的精神文化生活的重要途径。服装文化学的研究也就是要揭示服装发展过程中所蕴含的深刻的人类文化现象和意义。

（二）服装文化的交流性

服装文化的交流性指服装在其发展过程中不断与其他民族、国家和地区的不同风格的服装交流、融合，取长补短，不断完善的属性。

服装发展的交流性反映的是发展过程和变异性，是一种横向的发展与变异。当我们讲时代性变异的时候，是指一种纵向的、历史的变异关系，而交流性和流行性一样，反映的则是在一定的历史时期内民族间、区域间服装风格的融合、发展关系。可以说，服装发展的历史，也就是各民族、各地区之间不同风格的服装相互融合、共同发展的历史。

服装的交流性是作为文化现象固有的属性而存在的。我们知道，文化在其不同的社会经济、政治等客观条件下形成和发展，必然会形成不同的文化丛、文化圈、文化区乃至文化类型或文化模式，所谓"居楚则楚，居夏则夏"❶。不同的文化群是存在着差异的，同一文化群在功能上是互相整合的，外部特征是相似的。服装也是如此，由于各民族、各地区生活的自然条件、社会条件不同，观念思想也迥异，故此形成了不同的服装文化风格或类型。服装发展史告诉我们：服装的文化交流是多角度和全方位的，既有本土文化之间的，又有中外文化之间的；既是横向的，也是纵向的。服装发展需要以社会经济、文化的发展为基础，但更需要各民族、地区间服装的交流，以获得新参照系统和设计灵感。

文化又具有传播特性，也就是在人们的社会交往活动过程中，不同类型的文化因其具有共享性，并存于一种传播关系，通过特定的传播媒介而产生互动的现象。其交流表现为冲突与融合两个方面，也是促使服装不断发展进步的基本属性。

我们知道，中西服装文化的时尚交流可以说是从20世纪20年代开始的，其动因主要有两个方面：

（1）大批国外留学生在回国的同时，将海外的着装观念和穿着方式带进来，使一部分进步人士脱去长袍马褂而穿起了西式洋装。

（2）受来自美国好莱坞（Hollywood）电影文化和海派服装的影响，以上海为主的大都市的女性纷纷打扮成一副"摩登女郎"的模样，追求地道的海派西洋风格。

尤其是进入到20世纪80年代以后，我国的改革开放使中外服装文化的交流日益频繁，这种交流使中国的服装设计师能了解许多国外著名的设计师，能熟悉许多世界服装品牌，也拓展了自己的艺术视野，正是在这种新的历史时期，国际服装文化的相互交流，使各国民族文化的组合逐步走向多元化发展的方

受剪纸启发的镂空时装（胡斐迪设计）。

韦斯特伍德借鉴传统紧身胸衣和绘画设计的时装。

丰富多彩的云南彝族妇女头饰（段明明摄）。

❶ 《荀子·儒效》。

向。其实，世界上流行的"民族风貌"的服装，是中外服装文化互相交流、影响和渗透的一个重要原因，这在巴黎高级时装传统中由来已久。如伊夫·圣·洛朗推出的俄罗斯系列以及印第安风格时装，同时还设计出具有中式服装特点的对襟衫和暗门襟的上衣。而在世界上影响最大的"民族服装"，实际上就是最先在美国流行的牛仔装。

20世纪80年代后，无论西方还是中国的服装都在跨越国界、跨越时间的范围内进行着大量的文化吸收；将古今中外的服装经验作为自己文化创造的符码和工具，以博采众长的方式加以利用；将各种古典服装语言和民族服装语言——拆解之后混合使用，表现出一种强调多元化发展的后现代特征。在这个过程中，各民族不同的服装文化传统便成为设计师灵感

藏族寓意吉祥的挂饰。

云南姚安彝族服饰上繁复寓意的吉祥图案。

的来源，利用人类服装丰富多彩的历史经验，实现对传统服装千篇一律模式的抵御和反叛。这种相互影响的倾向已促使中国更多的时装设计师思考：在借鉴西方优秀设计的同时，应该如何增强本民族文化的自觉意识。也使我们深知，服装文化的整体上的繁荣需要建立在一个综合性、多元化的服装发展体系之上，它涉及服装文化、服装传媒、服装网络信息等各个层面的成熟和完善。

（三）服装的社会功用

人类因社会生活的需求而创造衣着服饰，同时又因衣着服饰而走向社会生活，形成一定的社会角色。在中国古代，一定的服饰章纹是社会政治秩序、道德秩序的标志。人们常会把服装和人穿着行为的某一方面加以神圣化和扩大化。衣冠服饰成为统治阶级"严内外，辨亲疏"的工具。不仅不同身份等级的人穿着的造型、色彩、质地有别，而且其内在意义也不相同，所谓"人物相丽，贵贱有章"❶，社会和时代造就下的服饰内容，塑造出各个相异的文化服饰符号。始于周代的冕服，宽袍大袖表现了"天子以四海为家，不壮不丽无以重威"的思想；中国古文化的核心"天人合一"的思维模式，把服饰提高到"治国立本"的地位；黄色作为一种符号，传递了"只有皇帝才能享用"的无声语言；还有服饰中的十二章纹饰、汉代的佩绶制度、唐代的"品色服"、宋代的束带及幞头、明代的巾帽、清代的花翎及朝珠以及16～19世纪欧洲贵族妇女流行的紧身撑裙和绅士服装等，都被用来标示着装者的社会地位。这是服饰特有的一种社会认知功能。

人的视觉、知觉、心理结构和情感是感知美、体验美的载体，它们对来自于物的美进行判断、选择和接受，从而实现其审美价值。服饰文化形态，实质上是一定社会的人认识自己、表达自己的物化形态。由于服饰是介于个人与社会之间的重要一环，它既要表现自我，又要使社会认同，这不仅从一般生活方式中可以体现出来，而且可以从具有宗教性、道德性、社会政治性的活动方式中表现出来。因此，

❶ （明）宋应星.《天工开物·乃服第六》. 潘吉星，译注，上海：上海古籍出版社，1993。

人类着装的美化，是群体生存的心理需要，并随着社会思潮和审美取向而变化，具有表现世态人心、思想倾向的先导性特征；随着地域习俗与心理观念的传承而类聚，形成各具特色的民族性特征。生活在不同地区的、不同的民族则用服饰的各个要素（造型、色彩、纹样等）来表达自己内在的情感，寄托自己对生活美好的愿望。如汉族的"虎头鞋"、傣族的"船形鞋"、壮族的"孔雀帽"、彝族和哈尼族的"鸡冠帽"、纳西族的"披星戴月"以及内容丰富的"吉祥图案"等，都具有深刻的民俗含意和审美取向。随着社会文化交往的频繁，民俗融合汇集而走向同化，显示出心理追求的趋同性特征。

以服饰来表达对社会的倾向，在现代社会比较多。如美国在20世纪60年代后出现的"嬉皮士""朋克"以及现在所谓的"新人类""新新人类"等，在服饰上别具一格、与众不同，甚至奇装异服，表达的就是对社会的一种反叛观念。在生活中，我们的任何一种选择就是一种生活主张的言说，并以此展现我们的个性。而服装作为人与社会、人与人之间的一种"缓冲"和"纽带"，更直接、更细腻地表达着人们的生活态度、审美和文化理想。

美国哲学教授巴尔（Barr）在《时装的心理分析》一书中指出，服装的功能是多方面的：在生活上，是为了适用、舒适；在艺术上，是为了装饰、美观，具有独特的式样、色彩；在社会上，它反映了人们的思想、社会地位、经济状况、文化素质、个人兴趣、职业等。这种社会性心理因素还表现在羡慕并要求新颖，要求在式样上处于领先地位，要求表现形体的美，这也促进了服装式样不断地变化和发展。另外，服装还有表现男女性别的符号意义，反映出社会以及男、女对各自角色的审美、观念和心理趋向。

基础理论——

服装的形态范畴

课程名称：	服装的形态范畴
课程内容：	服装的概念
	服装的分类与用途
课程时间：	5 课时
教学目的：	了解服装的基本概念、服装的分类和文化类型。熟悉服装设计师与制板师的工作，包括如何画服装效果图和服装裁剪图。
教学要求：	分析服装的分类与用途，熟悉服装设计的过程。

第三章　服装的形态范畴

一、服装的概念

（一）衣裳、服饰、服装、时装、成衣

据古籍《易·系辞下》所载："黄帝、尧、舜垂衣裳而天下治，盖取之乾坤。"乾者，天也。坤者，地也。天在未明时为玄色，故上衣像天而服用玄色；地为黄色，故下裳像地而服用黄色。这种上衣下裳的形制和上玄下黄的服色，是对天地的崇拜而产生的服饰上的形和色，也是文字记载的我国最早的衣裳制度的基本形式。"裳"字也写作"常"。《说文》释云："常，下裙也。"说明古人最早下身穿的是一种类似裙子般的"裳"。《释名·释衣服》❶："上曰衣，衣，依也，人所依以此庇寒暑也；下曰裳，裳，障也，所以自障蔽也。"障有保护的意思，蔽有遮羞的意思。衣裳的名称沿袭至今，泛指衣服，成为各种类型服装的总称。

《虞书·益稷》篇中记有："予欲观古人之象，日、月、星辰、山、龙、华虫作会（即绘）；宗彝、藻、火、粉米、黼、黻，絺绣，以五彩彰施于五色，作服，汝明。"这里的十二章纹用画与绣的方法装饰于冕服上，成为章服制度的开始。在中国古代文献中，较早运用的是在《周礼·春宫》篇中。《春宫·典瑞》云："辨其名物，与其用事，设其服服。"《汉书·王莽传中》载："五威将乘乾文车，驾坤六马，背负鷩鸟之毛，服饰甚伟。"可见，服饰一词主要指衣服及其装饰。"衣"字，在古代除了指身上的衣服，

上下连属的连衣裙。

皇帝冕服，上玄下黄，绣有十二章纹饰。

❶ 任继昉．《释名汇校》．山东：齐鲁书社，2006：11。

另有广义和狭义之分。狭义的衣，专指上衣，在古代，短上衣称"襦"。广义的衣，则包括一切蔽体的物品。它包括人本身的修饰，是指人着装打扮以后的整体。"饰"以增加人的形貌和华美，包括色彩、纹样、首饰配件，甚至包括发式、妆式以及穿着方式和效果等。从文化概念上讲，服饰则指以表达人们的心理意识为特征，以具体人为对象而与人体发生装饰关系的装饰物，就是关于人体装饰的文化。

时装是衣服的同义词和现代词，它的出现较晚，约在20世纪三四十年代开始在中国使用。由于当时西方生活习俗的渗透，受欧洲和东洋文化的影响，国内的社会风气为之一变，合体的着装最为流行。广州、上海甚至出现模仿欧美简便装束的摩登时装，在上海还举办了我国的首届时装表演活动。时装的形成远远早于时装概念的形成，在古代就有流行装，语言中也有"时服""时衣"等词汇。唐代诗人白居易在诗中反复提到的"时世妆"，即指妇女趋时之妆饰，应属于时装的整体形象。但"时装"一词，却姗姗来迟，一直到进入20世纪以后，才开始在我国大城市中流行开来。

西方国家的时装发展可分为三个时期：中世纪及其以前社会，称为等级社会的时装流行；近世纪社会，也称市民社会的时装流行；现代社会，称为大众社会的时装流行。但时装名词的正式出现，应该是1905年被称为时装之父的英国人查尔斯·弗雷德里克·沃斯（Charles Frederick Worth）第一次在他为法国贵族淑女设计的服装上签名，由此诞生了"时装"这一概念，到如今已有一百多年的历史。

时装与流行是同生并存、相辅相成的；时装是流行的一种物态化形式，流行又是时装的本质属性。在英语中时装与流行是同一词"Fashion"，因为这个词是专指风尚的流行，所以在服装专业范围内通常汉译为"时装"。它泛指一定的时间、一定的空间范围内、为一定的人群所接受、认同，并互相模仿、追随的服装，也称流行服装或新潮服装。在众多的流行现象中，无论哪个时代，时装总是占据最显著的位置。国际时装界把时装划分为三个层次：高级时装（Haute Couture）、成衣时装（Ready-to-wear）和街头时装（Street Dress）。

高级时装，也称高级女装，原意为量身定制。这类时装造型优美，用料上乘，多以手工缝合，制作精良，价格昂贵，主要在西方社会上层名媛贵妇之间流行。高级时装由法国享有国际声誉的高级时装店制作，这些时装店的经理或创建人都是一流的时装设计师。如闻名遐迩的沃斯、伊夫·圣·洛朗、迪奥、夏奈尔、皮尔·卡丹（Pierre Cardin）等，他们是时装款式的创造发明人。巴黎每年2月中旬都要照例举行时装发布会，由著名设计师发表他们的作品，这些争奇斗艳的新款时装很快成为世界各地时装流行信息的来源。

进入20世纪60年代后，现代科学技术的发展，高速、多功能的机械设备和电子计算机在制衣工业中的应用，促进了时装的成衣化生产，最大限度地满足了社会对服装的需求。所谓成衣，是相对于量身定制的手工缝制而言，指按国家规定的号型规格和系列标准，以工业化批量生产方式制作的服装。因此，

戏剧性的传统印花，复古和怀念的写意与象征主义成为最玩味的元素 [约翰·加利亚诺（John Galliano）设计]。

以T恤和运动衫面料制成的有精致细节的轻盈连衣裙，很有质感。

制板师是整个产品开发过程中非常关键的技术人员，他既要有雕塑家一样的艺术感觉，也要有像工程师、技师一样的精确性和各种工艺技巧。服装设计师是主角，服装制板师是配角，但实际最终完成设计的是服装制板师，企业对服装设计师的重视和宣传，使服装制板师的重要性越来越突出。服装要创品牌、上档次，企业不仅需要好的服装设计师，同样也需要好的服装制板师。可以说，在著名服装设计师的背后肯定有一名优秀的服装制板师。

成衣化成为一个国家或地区的工业化生产水平及消费结构的重要标志之一。

（二）服装设计师与服装制板师

服装设计是对服装产品方案的构思与计划。服装设计需要考虑五个条件：对象、目的、时间、地点、场合。在设计过程中，只有了解穿着者的个性、所处的环境和服装的种类，才能把握住服装设计的起始方向。服装设计包括服装的款式、色彩、面料、搭配等要素，具体设计时要考虑穿着对象的自然条件（高矮、胖瘦、体型、肤色等）和社会条件（职业、地位、气质、趣味等）。从事服装设计工作的人，称为服装设计师。

制板的任务是将服装设计师的理念转化为可现实操作的服装样式，是将设计师画在纸上的设计方案塑造成立体的衣服。从事这项工作的人称为服装制板师，如同建筑的结构设计师。服装制板师研究的是"板型内部之间的结构关系"，即服装的技术性。我们所见到的艺术美是服装板型结构的必然体现。

在现代成衣界，服装设计师主要负责把握品牌的设计品位，为每个季度的新产品开发点子、提出方案，把构思设想用效果图的形式表现出来。服装

手工制作的牛仔裙在简洁中营造丰富。

西式礼服。　　　　　　　罗科·巴洛克（Rocco Barocco）设计的高级晚礼服。

服装效果图。

（三）服装效果图

效果图是服装设计的第一步，也是服装设计的最重要的环节之一。

服装效果图以绘画为基本手段，通过一定的艺术处理方法来体现服装设计师的设计构想，也是表现服装设计的造型特征和整体艺术气氛的一种艺术形式。它包括服装式样的造型、色彩、配件、衣料质感和人体穿着效果等。效果图整体上要求人物造型轮廓清晰、动态优美、用笔简练、色彩明朗、绘画技巧娴熟流畅，能充分体现设计意图，给人以艺术的感染力。从效果图的功能上可分为表现成衣的效果图和表现高级时装的效果图两类。企业设计人员在绘制服装效果图时，还必须配以文字说明，如设计依据、采用的面料种类、款式和色彩等。今天，服装效果图也称服装画，越来越受到服装设计师的重视，它的功能不断扩大，形式也不断增多，最初主要是作为服装的设计效果图，后来又在服装广告、宣传和插图等方面大显身手，从一种制作图发展成为一种独立的艺术形式。

服装效果图。

（四）服装裁剪图

服装裁剪图指根据服装效果图进行的裁剪工程图设计，是用直线、曲线、弧线及制图符号，将款式造型分解展开成平面裁剪的一种生产用图。服装裁剪图根据粗细图线分为两大类：粗线（0.6～0.9cm）用来表示裁剪制作的结构线，细线（0.2～0.3cm）用于制图的辅助线、尺寸标注线、等分线等。

在服装裁剪图上必须标明：

（1）款式规格尺寸：衣长、胸围、肩宽、腰节长、袖长、腰围、臀围等。

（2）平面制图的结构尺寸：袖窿深、前胸宽、横领宽、上裆长等。

（五）服装的裁剪方法

目前，服装的裁剪方法主要分为平面裁剪与立体裁剪，其中平面裁剪法常用的有比例裁剪法和原型裁剪法。

1. 比例裁剪法

比例裁剪法也称为直裁法。源于 20 世纪初从国外传入的西式服装裁剪法，在国内传播的过程中，逐渐演化成为传统裁缝业的核心技术——比例裁剪法，是仅适合裁剪传统定型款式的服装裁剪方法。即把一个已平面化的特定服装造型结构图，按照一定的比例关系标示出各部位的计算公式或数值，以便于人们求证这种服装造型最终的平面结果，但图中显示的特定比例关系会随着服装造型的改变而发生变化。这种按比例计算绘图来复制、传播服装造型的方式至今仍不失为一种最佳方法。

2. 原型裁剪法

原型裁剪法是 20 世纪 80 年代初，从国外引进的服装板型设计的先进方法。该裁剪法以产生自人体参数的原型作为服装板型设计的内限模板，在其轮廓上进行衣片结构细部的设计变化，从而实现服装创意设计的造型效果。这些原型都是以人体的几个主要部位来划分，如衣身原型、裙原型、裤原型、袖原型等，它们只是为服装的造型设计做好前期准备，为款式设计提供依据，原型控制着整个服装造型活动的过程。由于服装造型不能一次成型到位，还必须在原型的基础之上进行再次裁剪。因此，原型裁剪法被认为是比其他方法更优良的裁剪方法，更适合于现代企业和专业人员在服装造型设计中运用。

3. 平面裁剪法

过去，由于传统文化的延续，国内一直使用平面裁剪法。20 世纪 80 年代开始引进日本原型裁剪法后，经不断充实与完善，我国平面裁剪法已经形成比较完整、科学的知识体系。平面裁剪法，主要依靠服装的外轮廓来进行，制图方便、简单且成本较低，目前仍然是我国服装行业中最主要、最普遍的方法，较适合于常规的、批量大的、变化少的款式。

平面裁剪的过程：首先需要测量人体主要部位的尺寸→依据规格尺寸，利用公式计算，进行结构制图与结构变化→加放缝份与对位标记→最后得出服装款式的样板型。

4. 立体裁剪法

立体裁剪法起源于欧洲，并被西方人接受和运用的一种裁剪方法。它与平面裁剪法最大的区别是侧重于整体造型。裁剪过程中可以直观地观察到成衣的比例、空间形态及造型效果，既能得到理想的服装样式而满足消费者的心理需求，又能启发和培养创意造型的思变能力，适合于时尚的、批量小的、变化大的款式。

立体裁剪是直接用布料在人台或人体上进行造型裁剪的方法。其间，每一条结构线的确定、布丝的方向、大头针的别法，都会影响服装的成型效果。立体裁剪可以解决平面裁剪不能解决的问题，而且可以非常直观地看到穿着的效果，故有"织物雕塑"之称。

人台。

设计师卡尔·拉格菲尔德（Karl Lagerfeld）担任首席设计的夏奈尔时装仍保持了一贯的风格。

拆卸披肩后的黑色羊毛套装（1964）。

精致裁剪的灵感来源于19世纪初的高腰线上装。

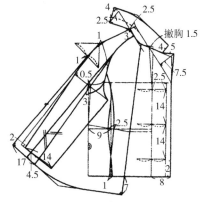

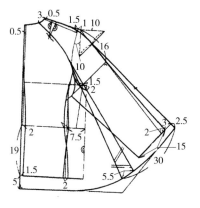

服装裁剪图。

立体裁剪的过程：根据款式图片初裁布料→经立体造型获取款式初型→按初型假缝、试穿→整理修改布样→拓印布样于纸样上→加放缝份与对位标记→最后得出服装款式的样板型。

总之，无论哪一种剪裁方法，它的最终目的都是为了获得理想的服装结构。

二、服装的分类与用途

（一）服装的分类

现代服装纷繁多样，其形态范畴可以从不同的角度进行界定、划分。一般可按以下几个方面分类：

1. 从时间上分

从时间上划分服装的形态是常用的方法，根据一年四季可分为春装、夏装、秋装和冬装。

2. 从性别上分

从性别上同样可以分类，如男装、女装和中性服装。

3. 从时态上分

从时态上可以分为传统服装与时装。

4. 从活动性质分

从人们活动的性质上可以分为职业装、居家服、运动服、军用服装、戏剧服装、休闲装、泳装、礼仪服、表演装等。

5. 从年龄上分

从年龄上可以分为婴幼儿装、童装、少年装、青年装、中年装、老年装等。

6. 从材料上分

从材料上可以分为丝绸服装、皮革服装、毛料服装、棉布服装、化纤服装、麻料服装等。

7. 从工艺制作上分

从工艺与制作上可以分为中式服装、西式服装、刺绣服装、裘皮服装、针织服装、羽绒服等。

8. 从生活实用上分

从生活实用上可以分为内衣、衬衣、浴衣、外衣、大衣、棉衣等。

9. 从服装结构样式上分

从服装的结构样式可以分为腰衣式服装、贯头式服装、袈裟式服装、缠绕式服装等。

10. 从设计用途上分

从设计用途上一般可以分为实用服装、职业服装和艺术服装等。

此外，还有民族服装、宗教服装以及上装、下装、套装等分类。总之，任何分类方法都是相对的、有限的，它所提供给我们的只能是一种相对的界定和提示。

（二）服装的文化类型

1. 实用服装设计

实用服装设计指以消费者穿用为目的的设计，侧重于设计的功能性和实用性的便装，注重追求应用的美。实用服装的应用范围很广，包括所有社会阶层的穿用与不同场合的应用，在服装产业中占据重要地位。例如，晚礼服在平时不宜穿着，而在特殊的场合中却能显示出它特殊的功能；泳装，也只有在游泳时才能穿用；而轻松随意的日常装或休闲装，相对于正装而言，是轻便化的舒适的装束，主要在下班、旅行、运动、假期时才穿用。设计实用服装时，必须考虑TPO（时间、地点、场合）以及穿着的目的、对象的年龄和职业等因素，并根据这些因素，表现个性化的着装方式。对今天而言，仅有功能性是远远不够的，还必须重视其穿着效果，满足其实用和审美的双重需求。

2. 礼仪服装设计

所谓"礼"，指规范社会行为的法则、规定、仪式的总称。是社会所必须遵循的各种道德与伦理规范，也是调节社会结构与秩序的工具。据史书记载，比较完整的礼饰制度在周代就已经具备。孔子云："见人不可不饰，不饰无貌，无貌不敬，不敬无礼，无礼

伊夫·圣·洛朗设计的
晚礼服。

巴黎高级成衣简洁、适体。

活泼可爱的童装设计。

运用直线与曲线对比的中性服装
设计。

韦斯特伍德设计
的晚礼服。

简洁轻松的
青年装设计。

充满浪漫情
调的休闲装。

不立。"❶ 因此，礼仪之服也正是适应人类社会的这一社会人伦的需求而产生的。在中国两千多年的封建社会中，礼仪服装成为历代王朝的政治表征之一，被当做规范社会秩序的一种重要手段。进入现代社会以后，反映在服饰上的繁缛礼节已基本消失，但一些特殊职业或特别场合的着装礼仪仍然有所保留。英语"Formal Wear"就是指在正式社交场合才穿的正装。

特殊职业指礼宾人员、外交人员、公关人员等，因所从事的职业必须穿用礼服。特别场合，指具有礼仪性质的接待、就职、出访、业务谈判、正式宴会、民俗节日等，这类场合一般要穿用礼服。礼服包括西服、晚礼服等，有民族特色的礼服包括中山装、旗袍、盛装等。礼仪服装是反映不同礼仪场合的特殊文化意义和文化效用的服装，也是最具文化内涵的服装之一。

3. 职业装设计

职业装，顾名思义，指标明职业特征同时又是用于工作时间的服装。它包括外交会议、经贸谈判、办公室、科研室、学校、酒店、商店和交通行业的特色着装，其范围覆盖面很大。随着规范化和企业形象设计（CI）意识的加强，具有标示作用的职业装最能确立企业鲜明的形象，有助于行业或具体某公司在竞争中树立深入人心的个性形象。因此，设计职业装时应考虑以下两方面：

（1）功能上的实用性，包括社会标志鲜明、反映不同职业特性，工作时穿着舒适、实用、安全。

（2）形象上的审美性，包括具有识别性、体现企业形象、表现职业美感、反映时代和民族文化。

4. 创意服装设计

创意服装设计是以提高设计师设计水平为目的的设计，通常也被称为概念时装设计。这类服装设计可以表达设计师的意念与追求，是表现设计师的能力与才华，显示设计师标新立异的思想，树立设计师个人形象的手段。胡塞因·查拉扬（Hussein Chalayan）就是这类充满想象力的概念设计的代表人物。他认为："设计就是实验性的、概念性的方向……观念即使不比服装本身重要，至少也同等重

❶ 孔子.《大戴礼记·劝学》。

要"[1]。他设计的一系列具有创造力和想象力的作品，使他连续两年荣膺英国年度设计师大奖。日本设计师川久保玲（Rei Kawakubo）从东方服饰文化与哲学观中探求全新的服装功能与形式之美，以其极端怪异的时装造型、革命性的新型穿衣方式以及裁剪观念掀起颠覆传统时装美学的设计风潮，她的服装预留了穿着者自行发挥想象力的空间，超越了服装既有的形态，上衣可能是裤子，裤子也可能是袋子……剪裁极度夸张，结构颠三倒四，与其说是时装，不如说是一种解构概念，对服装的审美进行了重新定义。世界上许多著名时装设计师往往通过时装发布会，发表他们设计的具有个人艺术风格的创意作品，从而影响时装造型的既有观念，引导和预测未来衣生活的发展方向。目前较为常用的创意形式有：

（1）主题性设计：围绕一个限定性的主题进行创意服装设计。

（2）风格性设计：树立一种有明显特征的创意服装设计。

（3）情绪性设计：赋予强烈个性因素的创意服装设计。

（4）前卫性设计：以标新立异为目标的创意服装设计。

（5）商业性设计：以围绕商业运作和经济效益为目标的创意服装设计。

（三）上衣与外套的常用类型

1. 西装

西装又名"西服"。男式三件套西装大约在19世纪中叶产生。20世纪初，职业妇女也开始穿着西装。男式四件套西装通常由驳领上装、西裤、衬衫和背心组成。女式四件套西装一般包括上装、裙子（裤

职业西装。

休闲中又带有中性色彩的男装。

西式女装依然美丽。

高尔夫职业装。

夏奈尔品牌时装。

上下相连的中长大衣。

运动装。

欧式风格的少年装设计。

[1] 冯泽民，赵静，等．《倾听大师……世界100位时装设计师语录》．北京：化学工业出版社，2008：104.

服装设计概论

子）、背心和衬衫。按制作工艺可分为定制西装和成衣西装。西装纽扣有单排纽和双排纽，有一粒扣、两粒扣或三粒扣。按驳头造型不同，又可分为平驳头、戗驳头等各种式样的西服。西装有两件套（上装、西裤）、三件套（上装、西裤、背心）等，从产生至今其外轮廓造型基本不变，如有变化则主要集中在局部细节上。西装是服装史上最具生命力的服装大类。

2. 中山装

中山装是根据孙中山先生曾经穿着过的立领、贴袋式衣服改制而成的。款式的构成是通过点、线、面的有机结合与运用体现出来的，以面为主。五粒纽扣依附于对称的中轴线且等距排列呈一条直线，不给人过分的跳跃或流动感。这正是中山装在款式设计上的独到之处。在我国，中山装已成为固定的服装款式，由于造型端庄、整齐、美观、大方，成为男士的主要服装之一，也可作为礼服穿着。

3. 猎装

猎装原是借鉴打猎时所穿的服装而设计，故名。款式特点是做背缝，开背衩，翻驳领；口袋较多，有贴袋式，也有插袋式；腰间系腰带；单排纽、双排纽均有，并缝有肩襻、袖襻等装饰。猎装有短袖和长袖之分，又有夏装和春秋装之别。

4. 夹克

夹克为英文"Jack"的音译，是短上衣的总称，指前开襟式和带有袖子的上衣。其样式变化较多，无固定格局，造型特点是没有下摆，上身饱满，腰部、腹部束紧，袖口也有松有紧。款式有拉链式、揿扣式，普通开门、搭门式等。女式夹克还可作各种形式的分割。用皮革制作的称为皮夹克。

5. T恤

T恤，英文"T-shirt"。原为一种针织圆领套头衫，其外形似英文大写字母"T"，是夏装中的主要品种之一。

6. 牛仔装

牛仔装原为美国人在开发西部的黄金时期所穿着的一种用帆布制作的上衣。其面料有耐磨、耐穿、耐脏等特点。款式有牛仔夹克、牛仔裤、牛仔衬衫、牛仔背心、牛仔背心裙、牛仔童装等。现已成为全球性的定型服装，令人深思的是以对时装的反叛而兴起的牛仔装，最后本身却变成了不断演化的时装。

7. 大衣

大衣指上下连为一体，穿在一般衣服外面的外衣，有短大衣、中大衣和长大衣之分。其主要品种有毛呢大衣、棉大衣、裘皮大衣、皮革大衣等，多为冬季穿用。

（四）裙装的基本类型

服装中的款式，最富有魅力且变化又多的要数

充满浪漫情调的休闲装。

尺寸：
腰围：
臀围：
腰臀围：
直浪：
腰到地面：

直筒裙　铅笔裙　A字裙　窄口裙

开叉裙　罩裙　八褶裙　插片裙　荷叶边裙

喇叭裙　百褶裙　草原裙　蛋糕裙　衫裙

圆裙　手帕裙　裹裙　沙滩裙　纱笼裙

女式裙装。

牛仔裙也被赋予休闲的含义。

女裙的设计。中国历代服装千变万化，从形制上看，无非为上衣下裳和上下连属两种形制。上衣下裳的裳指的就是裙；而上下连属则像今天的连衣裙。我国古代的裙，不分男女贵贱皆服之。至近代，世界各国的裙不尽相同，并互相借鉴，使裙的款式日益丰富。世界上许多时装设计大师是因设计女装而蜚声全球。1991年，三宅一生曾设计了一款名为哥伦布的长裙，这袭长裙实际上没有缝纫，所有的布片由揿扣组合在一起，是他最新的服饰系列A-Poc，意为"衣服中一片"，体现了当代社会的多变性和偶然性，以及人们对自由的渴求，也使裙装成为因人而异、独一无二的布片"零件"，可由穿着者任意组合，其创意令人惊叹不已。

裙一般由裙腰和裙体构成，有的只有裙体而无裙腰。按裙腰在腰节线的位置分，有中腰裙、低腰裙、高腰裙；按裙长分，有长裙（裙摆至胫中以下）、中裙（裙摆至膝以下、胫中以上）、短裙（裙摆至膝以上）和超短裙（裙摆仅及大腿中部）。裙子的名称还可以根据所采用的技术及构造特点或裙体外形轮廓来分，大致可分为筒裙、斜裙、缠绕裙等几个大类。

现将主要的裙装款型举例如下：

1. 背心裙

背心裙又称"马甲裙"，指上半身无领无袖的背心结构的裙装。搭配时内穿衬衣，造型简洁、清爽，给人以青春靓丽，但又不失文静、朴实的感觉。

2. 背带裙

背带裙下面是各式各样的裙子，上面配以可宽可窄的背带，穿着时利用背带把裙子吊起，方便、实用。另有一种吊带裙，它与背心裙的不同之处在于吊带较细且短，在盛夏季节穿着，凉快、舒适。

3. 斜裙

斜裙又称喇叭裙，指从腰部到下摆斜向展开成三角形的裙子，裁剪时根据腰围和裙长而定。按裙片的组合结构，可分为两片式、四片式、六片式等多种。斜裙倾斜的程度可以控制下摆浪势的大小，如60°裙、90°裙、180°裙等。由于斜裙下摆动势明显，穿着时有苗条修长的感觉。

4. 鱼尾裙

鱼尾裙指裙体呈鱼尾状的裙子。腰部、臀部及

韩国首尔时装店的实用裙装设计。

充满浪漫情调的裙装，经典时尚。

苗条优美的鱼尾裙。

大腿中部适合人体的曲线造型，向下逐渐展开下摆呈鱼尾状。鱼尾裙多采用六片以上的结构形式，如六片鱼尾裙、八片鱼尾裙及十二片鱼尾裙等。这种裙制能把女性丰满、充满曲线美的体态表露无遗。

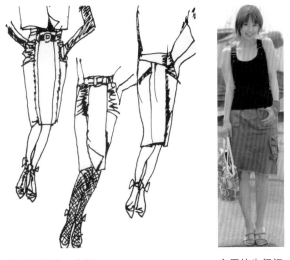

5. 超短裙

超短裙也称迷你裙，指长度在大腿中部及以上的短裙。其形制可分为紧身型、围合型、喇叭型和打褶型。1970年美国著名高尔夫球和网球女运动员埃弗雷特（Everaert）和鲍吉（Bodji），穿着下摆扩展成扇形的超短裙参加比赛，从而引发了妇女运动装的革新。由于超短裙的轻盈、活泼，能充分显露女性下肢的健美体态、活动灵活自在，所以一经问世，就受到西方妇女的欢迎，其长短往往成为流行的晴雨表。

优雅流畅的一步裙。　　　　　　实用的牛仔裙。

6. 褶裥裙

褶裥裙指在裙腰处打褶的裙子。根据褶裥的设计不同而分为可大可小、可多可少的碎褶裙和有规则的褶裙。贵州苗族的百褶裙堪称这种裙子的精品，裙子上下褶纹连贯协调而富于变化。三宅一生也曾因设计出经典的裙装褶裥，而被誉为皱褶艺术的时装大师。

层次丰富的塔式裙。　　　　　富丽优雅的灯笼裙。

7. 塔式裙

塔式裙又称节裙。裙体以多层次的横向裁片重

夏奈尔裙装的美丽与时尚。　　　　　　传统的喇叭裙。

叠相连。因其裙片由多节组成,逐节放大,上小下大形如宝塔而得名。根据其层面的分布,可分为规则塔式裙和不规则塔式裙。

8. 筒裙

筒裙指从裙腰开始自然垂落的筒状或管状裙。又称直裙、直筒裙。常见的有旗袍裙、西装裙、夹克裙、围裹裙等。旗袍裙左右侧缝开衩,因其造型与旗袍腰部以下相同而得名。西装裙通常采用收省、打褶等方法使裙体合身,因与西装上衣配套穿着而得名。夹克裙注重拼缝装饰,在缝合处缉明线,有横插袋或明贴袋,裙后中缝开衩或前中缝开门,也可采用暗裥,因与夹克的装饰特点相近而得名。居住在我国海南省的黎族妇女,喜穿无褶筒裙,有长筒裙和中筒裙之分,裙上绣有几何形图案,非常精美。

9. 连衣裙

连衣裙指由上衣和裙子合为一体构成的裙装,种类繁多,在裙式造型中被誉为"款式皇后"。连衣裙可以根据造型的需要形成各种不同的廓型、不同的腰节位置。几乎所有的装饰方式都可以根据需要运用在连衣裙上。因其造型美观、秀丽,适合各层次的妇女穿着。最早始于清朝的旗袍,也属连衣裙的一种,因受西方审美思想的影响,经改良,裙子的腰部紧窄,臀围部位宽出,下摆又较窄,更加符合人的体形和曲线之美,加之用料省,裁制简易,成为中国女性着装文化的典型标志。

最具女性魅力的晚礼服。

10. 晚礼服

晚礼服指女士在夜晚社交场合中所穿着的华丽裙装。西式晚礼服选料上乘,色彩光感强,具有极强的独特性和排他性。款式多采用袒胸露背长裙式,展现出着装者的端庄大方、潇洒优雅,有强烈的表现性和雍容华贵感。

11. 缠绕裙

用布料缠绕躯干和腿部,用立体裁剪法裁制的裙子。因其缠绕方法不一,裙式也多种多样。缠绕裙常作为晚礼服,当人体动作时,裙体皱褶的光影效果给人以韵律美感。

青春浪漫的公主裙。

应用理论——

服装的形态语言

课程名称：服装的形态语言

课程内容：服装的廓型设计

服装的造型要素

服装的部件设计

课程时间：7课时（含放服装设计大师作品影像2课时）

教学目的：了解服装廓型设计的基本原理以及点、线、面要素，立体造型与服装领、袖、口袋的设计方法。

教学要求：通过对服装整体设计的讲解，熟悉服装形态要素的设计方法以及面料的类型和运用方法。

第四章　服装的形态语言

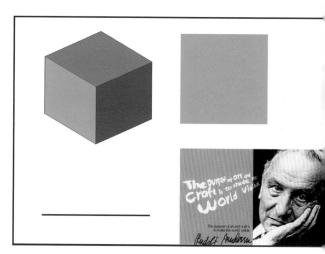

《艺术与视知觉》的作者：鲁道夫·阿恩海姆。

一、服装的廓型设计

（一）廓型的视觉原理

服装设计包括款式、面料、色彩三要素。其中款式设计即指服装廓型的变化和整体造型。

廓型，又称轮廓线或造型线，英语"Silhouette"，意思是侧影、轮廓，具体来说就是黑色影像，是服装被抽象化的整体外形。美籍德国心理学家、艺术理论家，鲁道夫·阿恩海姆（Rudolf Arnheim）在《艺术与视知觉》❶一书中写道："三维物体的边界是由二维的面围绕而成的，而二维的面又是一维的线围绕而成的。对于物体的这些外部边界，感官能够毫不费力地把握到。"服装作为直观形象，呈现在人们视野里的首先就是剪影一般的轮廓特征——外形线。

服装的造型是由轮廓线、零部件线、装饰线及结构线所构成，其中以轮廓线为根本，它是服装造型的基础。轮廓线必须适应人的体形，并在此基础上用几何形体的概括和形与形的增减与夸张，最大限度地开辟服装款式变化的新领域。一件衣服可以根据人体的特征抽象为长方形，也可以抽象为梯形、椭圆形等。

（二）廓型风格的演变

服装设计师，必须具备丰富的想象力和独特的创造力。就造型而言，首先表现在设计时对服装"廓型"的构思上。世界服装史上有许多著名设计师的创作都是先从抽象的廓型而到具象的设计。被称为20世纪最伟大的服装设计师之一的克里斯汀·迪奥便是其中的典型，他在1954年秋冬推出一款女装设计，不强调胸、腰、臀三围曲线，整个外观是字母"H"型，因此定名为H型廓型；到1955年迪奥又创造了X型、Y型、F型等廓型，标志着服装"纯粹外形线"设计思想的形成，他对现代时装发展的贡献，具有划时代的意义。所谓外形线指的就是服装的外轮廓线，它反映了几千年来人类服装款式发展的轨迹，和时代崇尚息息相关。服装的外形线不仅表现了服装的造型风格，而且是服装设计诸多因素中表达人体美的主要因素。具体而言，主要通过支撑衣裙的肩、腰、臀等部位来实现。其变化的主要部位有：肩、腰、围度、下摆。

对新造型的渴望与追求，表现在外形线的变化上，从中可以窥探出流行风格的变迁和世界时装潮流的演变。例如，受19世纪末和20世纪初的新艺术造型理念的影响，设计师将女装设计为挺胸、收腹、翘臀、波浪状裙摆，从侧面看外形呈优美体态的S形，从而引起西方服装外观的大变革。另外，外形线条

---

❶［美］阿恩海姆.《艺术与视知觉》.滕守尧、朱疆源译，
　四川：四川人民出版社，1998：3。

56
服装设计概论

型套装。　　　　　　　流线型的晚礼服。　　　　　合腰、下摆收敛的塔式廓型。　合腰、下摆张开的廓型。

往往会决定设计的主调。例如，20 世纪 50 年代末流行的"弯曲线条"（Curved Line）、"蘑菇线条"（Champignon Line）；20 世纪 60 年代流行的"倒脚杯外形线"和近年来流行的"圆滑倒三角外形线"等，可以说都是迪奥外形线设计思想的继承和发展。1997 年，川久保玲等设计师将当年春季时装发布会的主题命名为"Dress Meets Body"，意思是"将服装和身体融合为一"，结合成一种新的外形轮廓，打破了时装界的一贯模式。

（三）廓型的不同类型

从平面的角度说，服装的基本廓型可概括为 H 型、A 型、V 型、X 型、Y 型等几类，同样可以运用现代平面构成的原理，运用组合、套合、重合、方圆构成、曲线或直线的变化、渐变转换、加减法等，改变服装的外形。尽管服装外形变化较多，但它必须通过人的穿着才能形成它的形态。服装是以人体为基准的立体物，是以人体为基准的空间造型，因此必然要随着人体四肢、肩位、胸位、腰位的宽窄、长短等变化而变化，即受人体基本形的制约。从服装史中可以看出，轮廓线的变化是丰富多彩、千姿百态的，但归纳起来无非是两大类，即直线廓型和曲线廓型。直线廓型有 H 型、A 型、T 型、V 型等，曲线廓型有 X 型、S 型等，而且都已成为当前时装设计的典范。其他廓型都是在这些廓型的基础上演变或综合它的特点进行设计的。这里将目前较为流行的廓型分述如下：

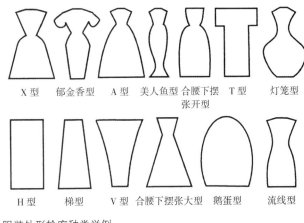

X 型　郁金香型　A 型　美人鱼型　合腰下摆　T 型　灯笼型
　　　　　　　　　　　　　　张开型

H 型　梯型　V 型　合腰下摆张大型　鹅蛋型　流线型

服装外形轮廓种类举例。

1. H 型

1954 年，迪奥在秋冬展示会上展出了 H 型服装造型轮廓线的作品。其整体呈长方形，是顺着自然体型的廓型，通过放宽腰围，强调左右肩宽，从肩端之处直线下垂至衣摆，给人以修长简约、舒适自由的感觉。

2. A 型

A 型主要是通过修饰肩部，夸张下摆线形成的，由于 A 型的外轮廓线从直线变成斜线而增加了长度，进而达到高度上的夸张，是一般女性喜闻乐见的，具有活泼、潇洒和充满青春活力的造型风格。如无袖连衣裙，婚礼服等。V 型与 A 型廓型正好相反，也称倒三角形，一般裙摆收小、强调肩宽是这一廓型的特征，体现潇洒、威武的个性，深受男士喜爱。为了追求其洒脱、奔放的风格，体现自己的个性和时代感，女装也采用男性化的造型。

3. T 型

T 型强调肩部特征。轮廓线具有庄重、健美、力量的象征，而且还有大方、洒脱的气概，适合男士穿着。

4. X 型

19 世纪末及第二次世界大战后的套装采用了 X 廓型。这一廓型的特点是强调腰部，腰部紧束成为整体造型的中轴，肩部放宽，下摆展开主要突出腰部的曲线。这种造型富于变化，充满活泼、浪漫情调而且寓庄重于活泼，尤其适合少女穿着。

5. Y 型

Y 型强调肩宽，臀围线以下急遽收拢呈贴身线条。两件套穿着时，下装多配超短裙、健美裤等，具有庄重、大方、洒脱的特征。

6. 腰鼓型

腰鼓型似竖立起来的腰鼓，中间膨胀两头较小。此廓型多为隆起式的连衣裙。1990 年流行的蚕茧式设计，即属此种廓型。

7. 火炬型

火炬型主要通过上衣、下装的搭配来体现，宽而短的上衣与窄裙相配，是这一廓型的典型搭配。在设计时，要求肩线自然，裙摆要紧束收拢才能达到较好的效果。

8. 喇叭型

喇叭型整体呈上紧下松，裙摆可大幅展开。其特点在于裙摆的处理，上身和腰线不甚强调，显得自然潇洒。

9. 郁金香型

整体造型像一支含苞欲放的郁金香，流行的一步裙就是这一廓型的典型款式。

10. 葫芦型

葫芦型由两条对称的曲线构成，有上大下小和上小下大两种形式。适用于女性服装，我国民族服装

衣裤的立体塑型构成轻松浪漫的姿态之美（加利亚诺设计）。

郁金香廓型设计［安德鲁（Andrew）设计］。

廓型的立体塑造（加利亚诺设计）。

中的旗袍就是采用这种廓型。

11. 鹅蛋型

鹅蛋型是由圆浑的肩膀向下摆慢慢收窄，形成椭圆形的轮廓。由于廓型呈外弧状，有一种膨胀和扩张的感觉。

总之，轮廓线不仅体现服装的造型风格，而且是服装设计诸多因素中表达人体美的主要因素。尤其是对支撑衣裙的肩、腰、臀的主要人体部位进行夸张或强调，能够获得新的造型和突破。由此可知，服装造型对人体的装饰，起着决定性的作用。

二、服装的造型要素

服装设计属于艺术设计的范畴，因而，服装设计的构成元素与艺术设计的构成元素有许多共同之处，而且运用这些构成元素进行设计时所遵循的形式美法则都是相通或相似的。服装造型设计主要是对服装的款式、色彩、面料的设计。服装造型元素，即视觉元素都是由点、线、面、体、材质、肌理等要素构成的。但由于具体设计所涉及的材质和特定的空间不同，而在具体的表现方法上又有一些特殊的视觉效果。因此，理解和掌握这些造型要素的基本性质和作用是服装设计的基础。

（一）"画龙点睛"的作用

点，是造型设计中最小的元素，具有一定空间位置，有一定大小形状的视觉单位，同样也是构成服装形态的基本要素。在服装造型中，最显著、最集中的小面积都可看成点。点在服装中主要表现为领子、口袋、纽扣、服饰结、胸花、首饰等较小的形状。由于点突出、醒目，有标示位置的作用，因而极易吸引人们的注意。点在设计中运用得恰如其分，可以达到"画龙点睛"的视觉效果；如运用不当，则会产生杂乱之感。不同大小的点组成的图案或形成的面料，由于排列、大小及色彩对比程度不同，所产生的艺术效果也不一样。如大点有活泼、跳跃之感，整齐排列的小点，则使点的表现力削弱，而形成面的感觉，有文雅、恬静之感。总之，点作为最小的

强调点的对称与呼应（安德鲁设计）。

点的竖排形成的节奏感（安德鲁设计）。

点与线、节奏与韵律的对比（安德鲁设计）。

腰间的花朵成为服装设计中具有视觉美感的中心。

可视形态，在设计服装造型时，应注意点的视觉位置的排列、整体与局部的关系以及产生视觉美感的秩序法则的运用。

1. 纽扣和盘扣

纽扣与盘扣大多既具有使用功能也有装饰的作用，但也有的纽扣纯粹只起装饰作用。如西装袖口的三粒纽扣，虽已失去了实用功能，但认知功能依然存在，并演化为美的符号，若缺少它，也许人们就不会承认这是地道的西装。

纽扣作为点，在服装上装饰部位最普遍的是门襟扣，其次是袖扣、肩扣、腰扣、领扣、袋扣等，有大小、形状的差异。不同纽扣的点的排列，能产生不同的视觉美感，一般按等距尺寸排列，如用双排扣在门襟对称排列，会使服装产生安定、平衡之感；而用单排扣装饰于门襟的中心，虽也是对称排列，却会显得比较轻盈、简洁。偏襟扣属于不对称形式，却有整洁、活泼之感；如只用一粒扣做装饰，则一定要选择制作精美的大纽扣以强调衣着重点的装饰部位。因此，有意识地在服装上采用与之相适应的纽扣，能增强服装的装饰效果及整体美感。具有我国独特民族风格的盘扣，近年来也风靡一时。

盘扣的种类很多，常见的有蝴蝶盘扣、蓓蕾盘扣、缠丝盘扣、镂丝盘扣等。盘扣作为点，缝缀在不同款式的衣服上有着不同的服饰语言。立领配盘扣，具有20世纪30年代女装那种含蓄和典雅之美；低领配盘扣，洋溢着20世纪70年代"小芳"们那种浪漫和娇俏。还有短袖盘扣、斜襟盘扣、对襟盘扣，就连后开衩的直筒连衣裙也点水似的缀上几对欲飞未飞的"蜻蜓"。

点的作用可见一斑。法国时装设计师皮尔·卡丹早期的作品，就特别强调点的作用，雍容华贵的纽扣曾经是T台上的亮点，能产生出其不意的艺术效果。

2. 面料上的点图案

在服装造型中，以点设计的图案面料，应用也很广泛。点的大小、形状、疏密、色彩、位置及排列的不同，所产生的视觉效果也有所不同，它具有引人注目、诱导视线的作用。小点图案显得朴实大方，适合采用类似色或对比色的配色，多用于镶边、腰带或围巾、领带等。大点图案有流动、醒目的感觉，适合下摆宽大，有流动感的式样，处理得好，能产生别致的节奏韵律感。此外，面料中的动物图案及各种风景纹样都可视为点的表现。

（二）线的变化与性格

点的轨迹称为线，它在空间中起着连贯的作用。服装的造型是通过线条的结合而形成的。线的特性，在几何学上只具有位置及长度，而不具有宽度和厚度，但在造型艺术中，线同时具有位置、长度、宽度的性质，还具有方向性、轮廓性和灵活性的特征。从形态上讲，它包括直线、曲线和任意线等。线的方向性、运动性以及特有的变化性，使线条具有丰富的表现力。线既能表现动感又能表现静感，而时间感和空间感则是通过线的延续性来完成的，空间形态的各异，正是线条性格的不同所产生的效果。

服装设计就是运用线的不同性质的特点，构成繁简适当、疏密有致的形态。线条的使用在于利用眼睛的视觉、错觉，创造比例、平衡、旋律、强调、调和、趣味美感。其中，服装的内结构线指服装的各个拼接部位，构成服装内在形态的关键线条，主要包括分割线、省道线、剪接线、褶裥线、装饰线、轮廓线等，线的长短受服装造型结构的影响。各类服装款式所表达的情趣都是通过线条的具体组合排列而形成的。线在服装造型中既能构成多种形态，又能起到装饰和分割形态的作用，运用缝接线、衣褶线、省道线、装饰线、轮廓线和边饰线来组织线的繁简、疏密，可以增强韵律美与层次感。分割线在外观上能使各部位的比例发生变化，当不同性质的线（竖线、横线、斜线、曲线）分割一个面的时候将会产生不同的视错效果。服装的分割既能明确造型，又能确定款式的基本骨架；利用分割既起到间隔作用，又有增强层次的效果。

线有粗、细、曲、直之分。人的生理及审美经验告诉我们，横线给人以平稳感，竖线给人以挺拔感和力量感，斜线有不稳定感。直而粗的线表现男性的强有力的感觉，直而细的线则表现锐利、敏感、快速之感，曲线又表现女性的活泼、流畅、温柔和丰满的感觉。从粗到细的线表示方向，综合性的线给人以联想。在服装造型中，直线一般用于男性服装，曲线一般用于女性服装。带有方向性和综合性的线，则是装饰用线。

设计时，一般我们利用线可分割视觉的特点，根据人的体形进行造型，服装自身有长度、宽度、深度的变化，在空间中运用线的分割塑造形体，构成了服装造型丰富多样的形式。

分割线首先是为了达到丰满而优美的造型轮廓，美化起伏变化的人体曲线而产生的。因此，针对体型过胖或过矮的人应采用竖线分割，由于竖线条能引导视线向高处移动，使人感觉线在向上延伸。因此利用视错原理，穿上裙子或有竖线条花纹的衣服能使矮个子妇女显高。傣族妇女之所以显得修长而苗条，是因为她们的裙子除了细长之外，最主要的是裙腰位置比腰围线高出许多，腰节线的提高使体型有变高之感。特瘦或过高的体型，最好运用横线分割，因横线会产生左右扩张的视觉效果，具有宽度之感。线条越粗，着装效果显得越粗犷、豪放、鲜明、强劲，心理学家称之为"肉体的自我扩张"。横向装饰一般常用的有垫肩、肩章、肩襻以及在肩部或背部、胸部等加横线条装饰，使肩和胸有变宽

不同方向线面的对比形成视觉的丰富变化（三宅一生设计）。

利用粗细线条不同处理获得的视觉对比的丰富变化（三宅一生设计）。

的感觉，这在男性的服装中应用较多。曲线在服装设计中常用于礼服、裙装等的装饰边及波浪线，可表现出优美、轻盈、温柔、节奏的美。横条格子的面料当宽度相同、间距一致时会产生宽度感，而横条由粗变细、间距由大变小的面料制成的服装则会产生相反的效果，产生长度感。

值得注意的是，分割线也称开刀线，是用于服装的装饰线条，需要与省道结合后，才能在人体多曲面的立体形态上发挥其线条的特性。省道的运用，能使平面的衣料构成立体的造型，从功能上说，能达到合体的目的，尤其是表现女性人体的胸、腰、臀的厚度，使胸丰满，腰肢纤细，形成曲线美的自然特征。因此，用平面的布料塑造人体的立体感，只有借助省道与分割线的组合才行。

在服装设计中按比例、均衡的美学法则，恰到好处地运用线条的变化与创意性的收省方法可以形成千变万化的服装款式，创造出优美适体的着装。

（三）面的分割与造型

面，是造型设计中的又一个重要因素，是一个二维空间的概念。所以，它有一定的幅度和形状，如正方形、三角形、圆形、不规则形等。从动态看，面是线在空间移动的轨迹。

面能起到分割的作用，是服装款式设计中最强烈和最具量感的一个要素。服装造型常把衣服视为几个大的几何面，有平面、曲面、规则形状的面和不规则形状的面，如前衣身、后衣身、拼接面、大贴袋等。这些面按设计要求组合起来，构成了服装的外轮廓，然后再根据服装的功能和装饰的需要，作内部块面分割，同时也要考虑服装图案与色彩块面的分割。

在服装造型中，平面几何形是服装造型的主体，正方形、长方形、三角形、半圆形、圆形、梯形和异形等都是面的不同形状。面的作用在于分割空间，面的表情主要依据面的边缘线而呈现。突出的是运用

面的分割构成连衣裙的残缺之美（加利亚诺设计）。

竖条与面的对比与变化（加利亚诺设计）。

线和面的变化分割造型，运用服装的裁片分割部位，造成肩、袖、领、前片、后片等各部位的大小比例变化，力求达到最佳的比例，以活跃式样的造型变化。在欧美国家，面的边缘线又被称为"风格线"，因为它可以影响服装风格的形成。另外，领、袋、腰带等部件也是式样上装饰与实用兼备的小面块，它们的不同变化与分布，对式样的造型同样有着不能忽视的影响。

从点、线、面在服装中的表现形式来看，它们不但具有一般构成要素的装饰作用，还应具有实用功能，即具备服装立体造型所需要的结构性。例如，口袋的大小、位置的设计必须要考虑穿着者使用是否方便，是否符合功能的需要。只有把这些功能要求与视觉效果协调一致，才能达到既有功能效果又有形式美感的双重标准。

因此，在服装造型设计中，应注意体现比例、均衡等美学原理与实用功能相吻合。在实际运用中，点、线、面的综合运用，应有所侧重，或以面为主，或以线为主，或把点突出。只有单一要素的变化没有其他要素的呼应，不可能产生真正丰富多样的效果；只有单一要素的一致而无其他要素的协调，也不可能有真正的、统一的效果。所以，在服装设计中，应在整体的统一中求得各要素的变化，在各要素的变化中求得整体的统一。了解这些道理有助于在服装造型设计中加以灵活运用，切忌点、线、面的杂乱堆砌。

（四）服装设计中的"空间感"

服装的"空间感"，是近代著名服装设计师提出来的一个重要概念，也是服装设计中重要的美学原理。现代服装设计在构成意识上，很重视考虑服装构成的空间效应，它包括量感、触觉感、节奏运动、线条、光影、色彩等。当然，现代服装在立体空间造型上更重视服装同人的谐调，这是因为服装设计的基础是人体。服装设计，基于对象的形体特征，诸如高矮胖瘦、凹凸曲线、长短比例等，通过面料组合、裁剪，以吻合对象形体的外部特征。例如，袖子与肩部面料的缝合，领口与脖子的配合，其实质上与立体构成的雕塑有"空间构想，空间塑形"的类似关系。就服装的立体状态而言，具有长、宽、高三方面要素，构成塑造完整的形象所要考虑的三个方面，称为"三度空间"。

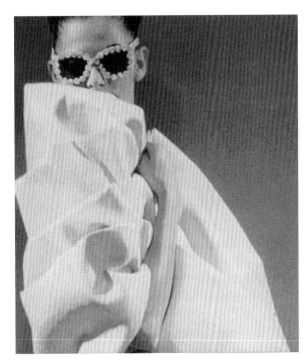

新奇的造型，强化服装的雕塑感。

挂片的光面折射出空间的不同变化。

强调颈肩的空间视觉效果的设计。

服装设计概论

剪纸造型的线条，凸显玲珑剔透的空间感。

以夸张的立体感裙装衬托出女性的曲线之美。

服装是"流动的雕塑"，不同的立体形态具有不同的个性，同时从不同的角度观察，形体也将表现出不同的视觉特征。因此，在服装设计中要始终贯穿"空间"的概念。一方面服装设计要符合人体的形态以及运动时人体的变化需求，另一方面通过对形体空间的创意性设计使服装别具风格。只有强调立体的"型"和"空间"，方能创造出前所未有的特殊造型，产生特别的视觉效果，让服装呈现出多姿多彩的立体空间。日本设计师三宅一生就是以擅长在设计中创造出具有强烈雕塑感的服装造型而闻名于世界时装界的代表性人物，他对空间在服装中的巧妙应用，形成了个人的设计风格。人体是三维空间的实体，具有一定的形态

和体积。建筑重视体积的外轮廓，突出点与周围的关系。了解了这些建筑的常识，服装设计者对造型的理解就有了空间深度，有了多维意识，从而将基本的人体造型视为圆锥体、圆柱体、球切面体、蛋形体等几何体的集合。我们可以借鉴雕塑、建筑的体积和造型特征，注重塑造建筑般的立体空间。通过在材料上开发、创新和运用，在服装和服饰上夸张某些部分，增加其形体和内外空间，使作品标新立异，同时，衬托人体的形体美，通过细致刻画，构成视觉反差对比，达到增加服装内涵和强化服装形象美的目的。

在服装的夸张、变形设计中，不仅要强调织物本身的立体感，还要注意服装的结构与板型。通过合

合腰下摆收敛塔型廓型。 合腰下摆张开廊型。

不同的立体形态具有不同的个性特征。

理而富有创意的结构设计，可以将布料与人体完美组合，表现人体自然的立体曲线，创造出无限自由的设计空间。服装是随人体的运动而变化的，具有动态的模糊性，这种动的体态变化，充分体现了服装的外形特征和服装的合体性特征。

三、服装的部件设计

服装的造型作为一种视觉形态，是由服装的外部轮廓线、服装的内部分割线以及领、袖、口袋、纽扣和附加饰物等构成的。这些造型要素各具所长，在不同的交错运用和局部组合中，其表现的特征及立体效果会有所差异。

在服装设计中，一般将覆盖人体躯干之外的部分称为部件，如领、袖子、口袋等，其设计统称为部件设计。而将各种配件、首饰等装饰或装饰与实用相结合的设计称为配饰设计。

（一）领型的设计

衣领是突出款式的最重要的部件之一，因为它非常接近人的面部，处于视觉的中心。所谓"提纲挈领"，正是道明了领子是衣服的关键。服装的衣领可分为有领和无领两大类。有领的衣领又分为关门领（如立领、翻领）和开门领（如驳领）。无领的衣领只有领线而没有领子（或领面），有领的衣领则既有领线又有领子。设计衣领时主要考虑人的脸型、颈部

特征、领型及服装的整体效果。立领服装使人显得庄重，无领服装使人显得活泼，驳领服装使人显得潇洒。由于领线的形状、领子的形态的不同及穿着者不同，使服装产生不同的装饰效果。

1. 立领

立领设计包括：领的开门变化（中开、旁开、侧开、后开等），开门位置的变化（长短变化），领形变化（宽狭、方圆、大小变化），领边变化，领基及领基深浅变化，扣门方式的变化，开、封、扣、结的变化等。

2. 翻领设计

翻领设计包括：开门变化，开门深浅变化，翻领大小变化，领尖形象变化，领尖角度变化，领的宽窄变化，领边变化（长短、曲直）、领口大小变化等。这些设计会对服装的款式造型、风格产生较大影响。

3. 无领设计

无领设计包括：开门位置变化，开门方式变化，结扣变化，领口的宽窄、深浅、方圆、曲折变化及领边变化等设计。在此基础上，掌握基本领型，运用变化规律举一反三，可以设计出许多装饰样式。

从领子的造型看，其基本形式又可分为对称式和平衡式两种：

（1）对称式：常见的有企领、平领、方领、圆领、翼领、玳瑁领、V型领、披肩领等，显得庄重、稳定、

服装设计概论

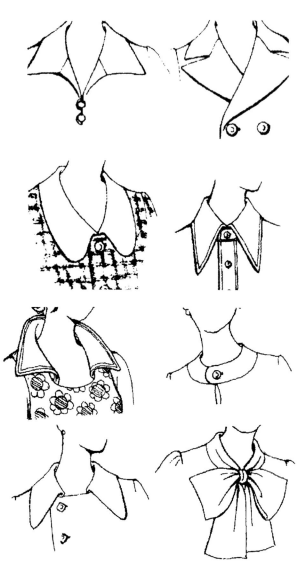

服装领型设计图。

严整，多用在正规的礼服上，如我国古代袍服的圆领、现代中山装的衣领等。

（2）平衡式：主要有对襟领、对胸领、披肩领、西装领等。由于其不对称的特点，故有生动、流畅、活泼、自由的艺术效果。在设计中，其局限性较少，有较多自由发挥的余地。

（二）袖型设计

袖子在服装造型设计中占有重要地位。它是根据人体上肢结构及运动机能来造型的。设计时，主要考虑季节的需要和服装整体造型的谐调。为了突出严谨大方的风格多选用装袖，为了表现轻松温和的风格则采用连袖，同时也常用灯笼袖、柠檬袖表现可爱、轻松，用喇叭袖表现凉爽与优雅。此外还有披肩袖、斗篷袖、蝙蝠袖、插肩袖、落肩袖、郁金香袖、荷叶袖等。

袖型设计包括：袖口的大小、宽窄和袖口形式的变化；袖窿宽窄变化、袖褶变化；开口方式、开口位置、开口长短的变化；袖子长短变化、袖连肩变化、袖边形式的变化等。尽管局部的袖子形象装饰变化很多，但都要统一于服装整体的变化，包括整体的呼应与装饰的协调。

领袖设计在服装造型设计中占有重要地位。

服装袖型设计图。

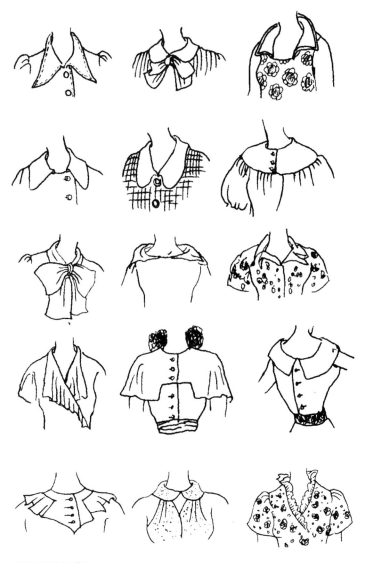

服装领袖设计图。

（三）口袋设计

  口袋是服装式样构成内容之一，在服装设计中具有实用和装饰功能。不同式样的口袋有不同的名称。经常采用的有：袋布贴缝在衣片上的贴袋；将衣片剪开，用挖缝方法制作的挖袋；缝在上衣、裤子两侧的插袋；在贴袋的袋布中再做一个挖袋，将两种衣袋形式混合在一起，一袋两用的挖贴袋等四种形式。

  口袋设计包括：袋口变化、明暗变化、袋形形象变化、袋形结扣变化，袋口边曲直变化、口袋位置变化、袋口横竖斜角度变化，还有袋形边饰变化、袋形饰线变化、袋盖变化等。

应用理论——

服装设计的载体——面料

课程名称： 服装设计的载体——面料	
课程内容： 面料的概念和分类 面料与服装设计	
课程时间： 5 课时	
教学目的： 了解服装面料的基本知识，掌握面料与服装设计的关系。	
教学要求： 通过对服装材料的讲解，对材料选择和应用有一个深刻的了解，从而提高服装设计能力。	

第五章 服装设计的载体——面料

一、面料的概念和分类

（一）面料的概念

面料是体现服装主体特征的材料，是服装设计构想付诸实施的载体。作为服装三要素之一，面料不仅可以诠释服装的风格和特征，而且直接左右着服装的色彩、造型的表现效果。从远古的树叶、毛皮、棉、毛、丝、麻到化纤织物和功能织物，科技的创新和发展带来了服装面料的日益丰富。为服装设计提供了自由延伸发展的空间平台，新材质的诞生以及现代艺术思潮的推动为服装设计提供了有利的物质基础与观念要素，由此激发设计师的创作灵感和激情，并引发设计观念的革命。

各种印花面料。

（二）面料的分类

一般而言，面料可分为机织面料和针织面料两大类，这些面料以各自的造型特征、悬垂性、弹性决定服装的性质。机织面料是以股线作经纱、纬纱，按各种不同的织物结构方法交织而成的面料，又称为梭织面料，是服装面料中用途最广、品种最多的一类，在外衣面料中仍占有优势。内衣、运动装、休闲装、童装多采用针织面料，针织面料是用针织工艺加工制成的面料，在弹性、柔软性、流动性、多孔性、抗皱性等方面优于机织面料，越来越受到消费者的青睐。

构成面料的原材料主要是纺织纤维。纺织纤维可分为天然纤维和化学纤维两大类，天然纤维是自然界生长形成的，而化学纤维是经过化学加工形成

丝绸印花面料设计的服装新颖亮丽。

以通过高科技整理手段处理的亚麻布为面料设计的上装，精致典雅。

的。以自然界的物质为原料，加工成为适宜于纺织应用的纤维，称为人造纤维；天然原料经过合成再加工而成的纤维，称为合成纤维，如涤纶、锦纶、腈纶等；用天然纤维和化学纤维混纺而成的织物称为混纺织物。

用于纺织的天然纤维主要有棉、麻、毛、丝四种。棉和麻是植物纤维，毛和丝是动物纤维。随着科学技术的发展，面料种类日益增多。化学纤维对天然纤维的模仿，已达到以假乱真的地步。随着人们环保意识的不断增强，纺织品面料的开发与创新也必然要从产品的服用性、功能性、环保性等多方面来综合考虑。服用性是一个综合概念，主要体现在织物的表面效果和综合穿着效果，常用色彩、舒适性、柔软度、易护理性、质感等来表征。长期以来，"柔软"一直是衡量纺织产品风格的重要指标之一，现在消费者对此提出了更高要求，"超柔软"（Super-soft）面料就是近年来采用拉绒或磨毛处理，利用微细纤维做原料采用较新也较流行的方法制成的面料。面料的"轻质"是近年来流行趋势中体现的另一个特点，可分为"轻爽"和"轻暖"两大类。"绿色纺织品"已成为21世纪纺织工业的突出主题，绿色纺织这一概念涵盖绿色纤维、绿色染化料及绿色生产条件等内容。因此，好的面料不仅要寻求与服装款式的最佳搭配，同时也应当是技术、艺术和市场的完美结合和统一，并成为推进服装创新与可持续发展的强劲动力。

毛皮服装时尚帅气。

高科技面料设计的时装，闪烁着金属般的光泽。

三宅一生运用高科技面料设计的时装，精细而富有光泽。

仿动物皮制作的时装不同凡响。

柔性面料表达了女性水一般迷人的光彩。

设计师对呢料的传统风格有一种莫名的执着。

帕克·拉邦纳（Paco Rabanne）用金属材料精心设计的晚礼服。

二、面料与服装设计

在服装艺术中，面料不仅有使用价值、实用功能，还有美学上的装饰效果。现代服装的发展越来越依托材料的特性、风格、塑造力与变化性，以提升服装穿着的功能，推进服装创新的步伐。

（一）面料与服装设计的关系

对服装设计师而言，其创意都有一个实际操作"完型"的过程。其中能否把创意效果图变成实物的关键是选择什么样的面料来造型。因此，面料是设计创意的载体，是服装的物质基础。如何选材？怎样用材？这已成为越来越多设计师关注的焦点。材料与创意相结合，要从色彩、质地、完型性以及后期整理等方面来确定面料，不仅要确定面料，还要确定辅料与配饰材料。

服装的辅料可分为里料、垫料、衬料、絮填料、扣紧材料、缝纫线、装饰材料等。作为服装设计师选用什么材料与创意相结合，怎样将面料与辅料相组合，是服装设计的一个重要方面。

服装的辅料以及配饰的原料丰富多彩、多种多样。远古人类以树皮、树叶、野兽的皮毛、鸟禽的羽毛、贝壳、兽骨、玉石等制作服装和配饰。后来，采用棉布、丝绸、锦缎、毛织品、亚麻布、天鹅绒以及花边、穗带、小玻璃珠、小圆金属片、金银首饰等。人造丝、尼龙、人造革、人造毛等则是在近代才发展起来的，现已成为人类服装的主要面料。随着材料的不断创新，材料在很大程度上给服装设计带来了更大的拓展空间，成为服装设计创新变化的重要因素与突破点。

（二）面料的选择

一件完美的服装，其面料的选择至关重要。其中，面料的材质是面料选择的重要依据，它是原材料的质地、色彩、触觉的综合反映。例如，丝绸、锦缎有色彩艳丽、光泽度强、柔软的特性，给人以华贵、富丽的感觉，它们在古代是皇宫贵族服装中最普通的面料。亚麻布、棉布、毡、粗毛绒等给人以朴素的感觉。深色的毛织品使人感到稳重、大方，是英国绅

帕克·罗己尼采用金属感光泽的面料设计的时装。　对面料肌理的处理是设计师常用的手法。

范思哲采用金属网眼与皮革面料设计的高级时装。

士常用的服装面料。在服装设计中，面料是首先考虑的重要因素，它必须和人的年龄、经济条件（价格）、品性、文化教养、职业、居住的地理环境和气候条件等相适应。

随着服装新材料的不断研发，其领域也不断拓展，既包括纯粹意义上的新材料，也包括对传统和民族材料运用高科技手段的改良创新。从类型上，新材料一般分为新型材料、特殊功能材料、特别质感风格型材料和复合型材料。在实际运用中，对于新材料具备的特性、感官、功能则是跨越划分"类型"，依据理念和技术而综合描述的，尤其是生态环保型纺织材料、高科技智能型材料。

由于艺术与技术前所未有地紧密结合，科技在使面料更美的同时，又使之具有了更好的技术特性。高科技的发展使面料的审美性、舒适性、伸缩性、透气性、抗菌性，以及多功能和易制作、易整理等方

闪光优雅的面料为服装增色不少。

新型面料为设计师带来尽情发挥设计构思的载体和灵感。

面带来了众多变化。各种面料的处理手法和各种工艺形式空前地层出不穷、五花八门。例如，传统的毛纺加工商开发了塑料涂层的新型毛织物，为传统产品增添了一种极具技术感的外观和新的功能性价值。一些具有粗糙感和原始感的毛毡织物，具有仿麂皮手感、毛绒绒的仿裘皮织物，具有一簇簇蓬松绒毛的毛织物……这些织物原来具有粗犷的风格，但加入合成纤维或金属丝时，又不失精致；精纺毛和丝的混纺织物能产生令人难以置信的质朴且时髦的效果；丝、羊毛、羊绒及顺毛羊驼绒的混纺织物带来浓郁的异国情调，在滑爽的微纤维织物上印染具有乡土气息的图案，使其产生加捻纱织物的效果。穿着舒适，活动便利，外观新颖已日益成为人们的购衣理念，于是很多服装采用弹性面料、针织面料，大量服装还运用面料斜裁方法。在新的美学研究里，光也成为审美对象。一些能反射或漫反射的织物，在光的作用下能产生丝光、闪光，甚至变色的效果，配以运用高科技的多种纤维混纺织物，极具现代感。这些织物包括经树脂整理产生挺爽感的棉织物、上光的亚麻织物、高光泽织物、表面轧光织物和珠光效果涂层织物。材料的特殊组合还会使织物具有超凡的色彩，如铝丝与羊毛混纺的织物，以铜丝作经纱的棉织物和喷镀不锈钢效果涂层的织物……独具外观光泽，风格突出，功能实用性增强。另外，通过纱线结构、织纹组织的变化以及后整理可以产生具有立体感的织物，此外，还有别具一格的木制服装。这些都赋予了面料全新的视觉外观。

得体的面料设计处理方案是服装设计的关键。各种面料的质地、手感、图案让设计师有了广阔的创造选择空间。各种面料有各自的"性格表情"和效果，它的软、硬、挺、垂、厚、薄以及不同的光泽，决定着服装的基本特色。充分发挥材料的特性与可塑性，通过面料材质创造特殊的形式质感和细节局部，使服装阐释出本身的个性精神和最本质的美。被誉为"重金属大师"的西班牙设计师帕克·拉邦纳是被公认的最彻底的材料革新者，他于1966年开始设计自己的独创作品，在材料的选择上他不拘一格，尤其是各种金属材料在他的手里更是得到巧妙运用。他所设计的盔甲般的金属服装，配上水晶珠串、玻璃纸片、鹅卵石、纽扣、唱片、瓷砖碎片、鸵鸟毛以及塑料片和赛璐珞片等作为装饰，营造出一个个精美绝伦的奇妙形象。

（三）面料的再造

对材料的开发和再造，在客观上显示出设计师的科学思维和理性思考。在现代服装设计领域，尤其是在一些高级时装的塑造表现上，对面料的创意设计，特别是对面料重塑再造的运用已经成为体现服装设计创新能力的一个标志。所谓面料重塑再造，也被称为面料的第二次设计，指根据设计需要，对成品面料进行二次工艺处理，使之产生新的艺术效果。其工艺方法很多，既有刺绣、缀饰、缝线、镶拼、编结、镂空、水洗、砂洗、印染、扎染、蜡染、手绘、喷绘等平面手法，也有起褶、编织等立体形式，还可以用多种面料进行组合，如用皮革和雪纺的叠加制造出刚柔冲击的别样效果。对面料进行再造是设计师思想的延伸，具有无可比拟的创新性。

日本著名时装设计大师三宅一生的作品之所以让世界瞩目，很大程度上就是源于他对面料的独特研究与运用。三宅一生将设计直接延伸到面料设计领域，并把无生命的面料视为有生命的个体，在将面料转化为服装的过程中，超越了传统的设计理念，常使用可能和不可能的材料来制造时装。他将日本宣纸、白棉布、纯棉针织布、亚麻等传统材料，应用现代技术，结合他的哲学思想，创造出各种肌理效果的面料。如以粗糙的亚麻或最细的丝织物所创作的经典涤纶褶，仿佛薄衣出水，高低起伏的线条与最尖端的工艺巧妙地融汇在一起，顺着人体的曲线，透露出皱褶的美丽与精致。从皱褶面料出发，三宅一生带有实验性和前卫性的独到思考，展现了面料二次创意的无限魅力，至今仍是面料再设计的典范，构筑起全新的时装视觉语言，被时装界誉为"布料的魔术师"。

应用理论——

服装与装饰

课程名称：	服装与装饰
课程内容：	服装设计的形式美法则
	服装的图案
	服装的色彩
	饰物的种类及其在着装中的意义
课程时间：	5 课时
教学目的：	熟悉服装设计的形式美法则、服装的图案、服装的色彩及饰物的种类及其在着装中的意义。
教学要求：	通过对服装设计形式美法则的讲解，对装饰设计的内容有一个全面系统的了解。

第六章　服装与装饰

一、服装设计的形式美法则

服装设计，不但要研究人的生活方式，还要研究服装的美学。现代设计的思维核心，最重要的因素，就是人们的心理。设计构思所表达出来的形式和心理的感应，是现代设计的美学基础，其构成必然涉及服装造型与装饰艺术的一般原理和法则。装饰的艺术是秩序的艺术，秩序从本质上说是一种规律性，是事物存在、运动、发展、变化的有序性，具体表现在变化与统一、对比与调和、平衡与对称、比例与尺度、节奏与韵律之中。服装设计要处理好款型构成、色彩配置以及材料的合理运用等基本要素之间的相互关系，必须依靠形式美的基本规律，并在设计中灵活运用。

（一）变化与统一

装饰艺术中的变化与统一，是生命的活力与有序发展的统一，是装饰美的规范与要求，也是构成服装形式美法则中最基本、最重要的一条法则。例如，服装外形和色彩的统一与变化，装饰形象的统一与变化，既要求统一性，又要求变化性。服装系列化设计，服装的成套和整体设计，服装与鞋帽的整体统一，里外服装的配套，服装与配饰的搭配，男女双人套装等都要求整体统一而又有变化。统一整体就像音乐中的主旋律，不断变幻又反复出现，贯穿始终。统一与变化的关系是相对而言的，没有绝对的界限，是一个逐渐变化的过程，是一种寻求静止与运动之间、变化与有序统一之间的有机协调。

金色的珠片或闪亮的水晶，巧妙的构思营造出完美的效果。

（二）对比与调和

对比与调和法则是多样统一的具体化。对比是变化的一种方式，调和是形的类似、形体趋于一致的表现。它是服装各部位装饰之间的相互关系，如明与暗、黑与白、曲与直、集中与分散、大与小、轻与重、软与硬、厚与薄等都可以形成强烈的对比，但只有对比没有调和就会过于乖张、刺激、生硬，而仅有调和没有对比又会显得单调乏味。因此，两者的关系应表现为：一是在对比中求调和，依靠主体形象和主导色彩作为获得统一与协调的主要手段；二是在调和中求对比，在统一的造型和色彩中寻找对比的因素，达到突出个性，获得特殊性的效果。服装设计无论是款式、色彩，还是面料制作和装饰配件等，都需要调和与对比，以求得整体的统一。

（三）平衡与对称

服装设计中的平衡强调的是人们视觉和心理的感受，有对称和不对称两种形式。对称即均衡，指轴线上下或左右同形同量的组合，体现了秩序和理性。平衡体现力学的原则，同量不同形的组合形成稳定、平衡的状态。这种形式美主要是抓住中轴或重心交点，掌握各种因素的平衡，如形体、色彩、空间和动势等方面的综合平衡，这几种因素相互作用、相互补充。在服装设计中，形体的面积大小、色彩分量的轻重、装饰形象的姿态、服装分割线的走向等都构成了相互间的动态或动势，运用造型装饰形象，如边饰、裁片分割、衣褶、裙褶等的点、线、面，造成服装的动与静。只要对称轴的两边相等，就会在人的视觉上产生稳定和安静感。在装饰中富于个性和变化的是不对称的平衡形式，指对比的各方以不失重心为原则，在色彩、尺寸、款式等方面互相补充，保持整体的协调统一。相较对称平衡而言，不对称平衡具有不规则性和活泼性，多应用于现代服装设计中。

首饰的点缀是在统一中求对比。

（四）比例与尺度

在服装设计中比例与尺度指服装各部分尺寸、不同色彩面积或不同部件的体积之间的对比关系，它不仅与人体工程学的需要有关，与装饰也有重要的关系。如果说服装结构上的各种比例与尺度主要与实用相关，那么外观装饰上的比例与尺度则更多地与视觉美相关。从形式美的意义上讲，西方1：1.618的"黄金分割律"，被认为是最好的比例而被广泛应用，服装的长度比例也是3：5或5：8为最佳。比例的变化很多，只要是符合变化与统一规律的比例，都是美的。服装的长短、宽窄以及各部位裁片、各部分装饰分割等都要求取得美的比例。成功的服装设计，要善于利用各种比例分割，使服装达到整体和谐与完美。

女装细部装饰与整体的统一设计，体现了女性高贵优雅的一面。

（五）节奏与韵律

作为音乐术语，节奏与韵律广泛渗透于人类的整个生活，它是生命和运动的形式。节奏与韵律在动与静的关系中产生。运动中的快慢、强弱，形成律动，

运用色彩的对比衬托出装饰的变化与统一。

突出个性与整体协调的形象设计。

律动的不断反复形成节奏。韵律可以使人感受到整齐、条理、反复、节奏的美感，也可具体表现为形状的不断重复、比例的不断反复以及不同形的重复、线的变化等形式。韵律与节奏可以是确定的、封闭的，如转换式纹样、回旋式纹样等；也可以是不确定的、开放的。服装的节奏变化可分为：

（1）线的节奏：线的长短、粗细、虚实、疏密、起伏、曲直、纵横、衔接与间断可构成线的节奏。

（2）形的节奏：形的大小、方圆、虚实、内外、连环等可构成形的节奏。

（3）色彩的节奏：色彩的明度对比、纯度对比、冷暖对比、黑白层次等的变化可构成色彩的节奏。

总而言之，服装的形式美感只有与穿着者有机结合时，才能充分地展现服装美化人体的效果。

二、服装的图案

（一）服装图案的类型

图案在服装上能起到极强的装饰作用，并具有相应的美学特征。

纯色的布料虽然也能表现各种性格，并通过不同色料的相互配合而产生美感，但这毕竟有限，为了避免款式和色彩的单一，人们常常喜欢将各种各样的花纹和条纹装饰于服装上。

运用图案装饰服装的历史很悠久，传统的服装就是以图案装饰为主要特征。服装图案可分为印染图案、编织图案、手绘图案、提花图案、刺绣图案、拼贴图案、数字喷墨印花图案等，也可分为平面图案和立体图案两种形式。在具体构成上还有连续、重复、渐变、发射、回旋等方式，不同的构成方式和手段都体现了上述装饰之美的形式法则。这些基本原则和互为关系不仅是图案形式产生的基础，也是服装设计应遵循的基本法则。

（二）服装图案的应用

在设计中，有许多服装都是采用现成的带有图案的面料做成的。设计师在选择、利用面料图案时需要一个转换与再创造的考量，与服装款式的结合，

图案与服装的结合整体而协调。

应是一个整体协调统一的过程。因此，在设计和应用服装图案时必须把握以下几点。

1. 保持均衡

服装属立体造型艺术，在服装设计中应考虑到服装穿着后人体活动各部位的主体感和动静感，因此，服装图案的设计不能只考虑平面的完美。在图案纹样的布局时应保持人体本身的平衡美感，不可重心偏移，缺乏稳定感。

点线面的设计，在视觉上产生节奏与韵律之美。

首饰的细心设计在视觉上形成动与静的对比与和谐。

丰富的面料图案与色彩设计为时装增添了一道亮丽的风景线。

波普艺术。

图案在服装上能起到极强的装饰作用。

在服装面料上采用印花图案表达设计主题，是范思哲著名的风格之一。

2. 突出个性

着重于单独图案的设计，可通过重复、渐变、特异将单独图案与服装款式相互协调，造成律动感和秩序美。由于人的性格各异，同样是职业女性，却有时尚与保守、文静与豪爽以及文化素养高低等差异，服装图案的设计会因此而逐项定义，并通过对服装图案形式与人整体关系的把握，使得适用广泛的面料图案具体化、个性化、多样化。同时，衣着又离不开穿用的时间、场所和目的等因素，服装图案的设计在力求整体性的同时，必然需要增强服装款式的个性、风格、风貌和情调。

3. 整体性

印象派画家莫奈（Monet）认为，整体之美是一切艺术之美的内在构成，细节现象最终必须皈依于整体……在构成服装款式中，图案的设计应考虑不同对象的装饰部位、材质的应用、色彩的配置、工艺制作等要素，取得和谐一致，并符合对比、协调、节奏等美学法则，给人以整体的美。

三、服装的色彩

（一）色彩基础

服装色彩是一门理论与实践相结合的艺术学科。研究内容涉及色彩的物理学原理、色彩的视觉生理与心理、服装色彩的对比与调和、服装色彩的构成、服装配色、服装色彩诸因素的关系、服装与流行色等。要学习相关的色彩知识，并灵活运用好色彩，就需要掌握色彩归纳整理的原则和方法。而其中最主要的是掌握色彩的属性。

"远看色彩近看花""七分颜色三分花"正说明色彩极易引起人的情感反应与变化。人的视觉对色彩的特殊敏感性，决定了色彩在服装视觉传达中的重要价值。色彩拥有无穷的色相和深浅浓淡的色阶，这些色相和色阶相互搭配、组合，形成各式各样的色彩情

均衡的色彩搭配与视觉心理反应相适应。

从大自然和器皿中寻找色彩与纹饰的灵感。

三宅一生采用鲜艳色块的对比，强化色彩的张力。

各式图案，彰显色彩的丰富变幻。

服装设计概论

调，使人享受到极其丰富的美。所谓色，是感觉色和知觉色的总称，是被分解的光（从光的构成上说是可见光，从光的现象来说是漫射光、反射光和透射光）进入人眼并传至大脑时开始生成的感觉，是光、物、眼、心的综合产物。

所有的色，都分属于两大类：有彩色和无彩色。所谓有彩色，即有色味，有红、黄、蓝等色彩倾向的色。所谓无彩色，即黑、白、灰。每一个色彩均含有三要素，即色相、纯度、明度。而无彩色只有明度，没有色相和纯度。

1. 色相

色相也称色别、色性，指色彩的种类和名称。在光谱中，色相指赤、橙、黄、绿、青、蓝、紫七个标准色，且各有自己的相貌。每一个色相又可以分出更多的色相，如红色，其中有朱红、大红、曙红、玫瑰红、深红等色相；黄色，则有淡黄、柠檬黄、中黄、土黄、橘黄等色相。色相名称甚多，也有按物体的特色命名的，如孔雀蓝、象牙白、蛋黄、西洋红、桃红、草绿、金色、银色、翡翠色等，主要体现色彩的固有色和冷暖感。

2. 纯度

纯度也称色度、彩度、饱和度，指颜色的纯粹程度，主要体现为事物的量感。纯度不同，色彩表现出的量感也不一样。色相中红、黄、蓝三原色的纯度最高。而两个原色混合的间色，或原色同间色的混合、间色与间色的混合产生的复色，其纯度就会降低。

3. 明度

明度也称光度、亮度，指色彩本身的明暗程度。色彩明度的变化即颜色深浅的变化，这种变化使颜色有层次感，呈现出立体感的效果，如绿色衣服受光后，会呈现浅绿、淡绿、中绿、深绿、暗绿、灰绿等不同色彩明度的变化，使衣服看起来有立体感。

（二）色彩的性质与情感功能

服装的色彩是设计中最为响亮的语言，它具有超凡的艺术感染力。美国画家汉斯·霍夫曼（Hans

色彩对比强烈且协调。

Hofmann）曾经说过："色彩作为一种独特的语言，本身就是一种强烈的表现力量。"

由眼睛和头脑传达出来的色彩实体与色彩效果之间在服装上的联系，是设计师最关心的。在色彩的搭配中，视觉的、思想的和精神的现象，是多方面相互综合在一起的。服装的色彩设计以人的主观感受为依据，主要强调配色的心理效果。被誉为"色彩魔术师"的日本服装设计师高田贤三（Kenzo），在运用色彩语言方面的独到之处就在于喜欢用两三种或多种高纯度的原色相配搭，以保持最大的色彩强度和互补色的完美效应，也是他设计的服装色彩像万花筒般变幻产生力量感、震撼力的一个重要原因。

色彩设计要掌握色的科学性（生理、物理、心理），以便选择功能所需要的色彩，当然也要满足美观的要求。其研究和分析可划分为以下领域：

（1）从物理方面研究关于色彩的要素。

（2）从生理方面研究关于色彩的视觉规律。

（3）从心理方面研究关于色彩的情感、联想、象征、爱好、意义、印象。

（4）从美学方面研究关于色彩的配置、协调、功能和美。

综上所述，色彩是光刺激人的眼睛所产生的视觉感觉。一般涉及三个领域：作为光的物理领域，作为视觉器官的生理领域，作为精神的心理领域。

服装的色彩，即它的色相、色调使人产生不同的生理感觉和心理效果，于是色彩就有了不同的性质。现代色彩学把色彩分为冷暖、轻重、软硬、进退、动静、胀缩、显隐、快慢、活泼抑郁、华丽朴素、兴奋沉静等类型。

从生理学上讲，人眼晶状体的调节，对于距离的变化是非常紧密和灵敏的。但它总是有限度的，对于波长微小的差异无法正确调节，这就造成了色彩有暖色和冷色。因此，冷色、暖色是人通过对色彩的视觉感受而产生的冷或暖的感觉变化。所谓暖色指含有黄色的颜色，如红、橙、黄、绿黄、绿，在色轮中它们占一半。而冷色指那些含有蓝色的颜色，如蓝绿、蓝、蓝紫、紫、紫红，它们占色轮的另一半。色彩的性质决定人的冷暖的心理感觉，因此，不同的季节，人们对色彩产生不同的心理追求。炎热的夏季，人们追求清净、凉爽，喜爱明亮色、淡冷色及不吸热的白

流行色的运用，使服装总能引领潮流，并产生相应的心理追求。

色。寒冷的冬季，人们又产生追求温暖、舒适的心理，喜欢穿偏暖的明色调和吸热的深色系列。

色彩的轻重感是由色彩的明度决定的，一般是淡色轻、深色重，亮色轻、暗色重。若明度相同，纯度高的比纯度低的感觉轻。在着装上，深色服装给人以稳重感，而浅色服装使人感觉飘逸，如女孩子穿一身白色的连衣裙则有身轻如燕、飘然欲飞的感觉。

色彩的软硬感也与色彩的明度有密切的关系。明度高呈软感，明度低呈硬感。而中纯度的颜色呈现一种柔软感，高纯度与低纯度的颜色则呈现一种坚硬

感。在服装设计中，硬感的颜色非常适合挺拔有立体造型感的西装、中山装等，而用于少女与儿童的服装则适宜选择奶油色、粉红色、淡蓝色、粉绿色等感觉软的颜色，能体现其稚嫩、纯洁、向上的色彩情感。

在色彩中，人的心理作用影响色彩的感觉。红、橙、黄等暖色系和有亮度的颜色的跳动感强，容易刺激视觉神经而产生动感和膨胀感，为前进色。而蓝、蓝绿等冷色系和偏暗的颜色在心理上易产生静感和收缩感，为后退色。因此，一般将前进色用于服装需要强调的部位，而利用较深的后退色的收缩感来强调女子腰部的纤细、多姿。根据人的年龄和性格差异可选择有动感或静感的颜色，对胖或瘦的体型，选择后退色或前进色，能起到修饰体型的作用。

服装设计概论

（三）配色类型与规律

服装的装饰色彩，应掌握配色的类型和配色的规律。服装的配色类型大体分为：华丽型配色、明朗型配色、富丽典雅型配色、柔和型配色和强烈型配色。华丽型的配色协调而闪烁，运用金、银和亮光色彩的面料或绣饰。明朗型的配色协调而色度差别大，深、中、浅色明确，色形清晰，强调明暗度的对比。富丽典雅型的配色十分丰富而协调，多用灰色对比、弱对比，对无彩色系的运用较多。柔和型的配色色度和色相差距小。强烈型的配色对比加大，对比色的面积明确而响亮。

现代时装十分重视时代感，而流行色是体现时代感的重要因素。流行色（Fashion Colour）意即时

不同明度的对比，紫红色相配，和谐而统一。

运用红绿相间的面积对比，营造热情与活力。

几何形色彩的对比与调和，表现自然舒服的休闲风格。

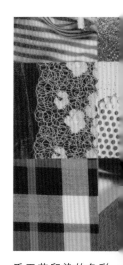

手工艺印染的色彩，丰富而独具韵味。

利用冷暖对比，产生视觉上的和谐感。

黄色系列服装，富丽堂皇。

具有恐怖色彩元素的时装作品。

感觉强烈的色块对比，映衬出似云如丝的轻盈感。

髦的、时兴的色彩或时装的色彩，是设计师、色彩学家通过调研、综合、发现、传播而盛行起来的时髦色彩。从时装的角度看，人们对色彩的爱好的确反复无常，再漂亮的花布，一旦过时便无人问津。以服装色彩领先的流行色在国内外市场之所以引人瞩目，是因为它发挥着引导消费、指导生产和流通的重要作用。经常加强对流行色的研究与推广，可以把握正在变化中的色彩规律，当然，无论运用什么流行色或常用色，一定要抓住色彩情调的特征，充分体现出它的个性、感情与气氛。所谓"远看色近看花"，说明色彩在视觉情感上的重要性，透过服装色彩可以看出一个人的气质、教养和风度。正因为如此，服装色彩所体现的审美价值与商品价值正越来越为人们所重视。

服装的配色规律，应掌握如下原则：

（1）要按一定的计划和秩序搭配颜色。各色之间所占的位置和面积，一般按接近黄金分割比例关系搭配，这样容易产生秩序美。

（2）相互搭配的色彩要主次分明。服装中的色彩选用主要依据服装所要表达的整体效果来确定。因此，要有统一的主色调。服装色彩的主色调指在服装多个配色中占据主要面积的颜色。主体色彩和点缀色彩形成对比，主次分明，富有变化，能够产生一种韵律美。强调主次的方法可以利用面积的大小或明度的不同或纯度的深浅来划分。

（3）对比与调和。从色彩的生理角度讲，互补色的配合是调和的，包括：相同色或类似色的配合，对比色或相对色的配合，中性色（黑、白、金、银、灰）和另一种色的配合，中性色和中性色的配合。其中相同色或类似色的配合容易产生柔和与协调统一的效果。这里要注意的是，色彩调和是就色彩的对比而言的，没有对比也就无所谓调和，两者既互相排斥又互相依存，相辅相成，相得益彰。因此，两种以上的色彩在构成中，总会在色相、纯度、明度、面积等方面或多或少地有所差别，这种差别必然导致不同纯度的对比。过分对比的配色通过加强共性来进行调和，而纯度和面积不宜太接近，否则易引起混浊的感觉，需要加强对比来进行调和。对比色或相对色的配合，要十分谨慎，除童装外，一般不宜采用纯度较饱和或明暗对比太强烈的颜色，尤其是较大面积的配合要先用纯度较低的复色或中性色的面料作为调和色。

夏威夷大印花，色彩有优雅朦胧之美。

纯度较低的男装设计。

范思哲运用高纯度色彩设计的真丝印花乔其纱时装。

时尚夹克。

若处理得好，能使服装产生明快而富丽的效果。

（4）对称与均衡。色彩配置的总效果要与视觉心理反应相适合，不仅要求色相、明度、纯度成为融和稳定的调子，而且要求色彩对比关系能满足视觉心理的平衡。也就是说，色彩的对比与调和要恰如其分，色彩的选择也要恰如其分。同时也要考虑由于色彩搭配而产生的运动感，如由服装本身的图案、面料色彩的重复出现，面料的重叠或滚镶、飞边等工艺而产生。另外，色彩的运动感也可由色彩的纯度和明度按规律地渐变或组合不同形的色块而产生。因此无论如何搭配，最终必须使其效果在心理和视觉上有平衡感。

（5）色调不单是色彩与色彩的组合问题，还与色彩的面积、形状、肌理有关。所以，离开面积、形状、肌理的因素，不可能取得配色整体的和谐统一。

服装的装饰色彩主要通过面料、饰品等物质色彩来体现，所以要充分显示其质地、肌理的色彩美。服装配色除注意本身的整体配色效果外，还要注意与环境色彩的和谐关系，因为服装色彩本身也是环境色彩的一个组成部分。自然环境的变化，尤其是季节的转换，是流行色更新的主要动力，所以，常称流行色为季节色彩。美国的卡洛尔•杰克逊（Carole Jackson）提出的"色彩季节理论"，就是根据每个人的肤色、发色、眼睛的颜色等人体自然色特征，结合色彩学基本理论，把人分成春、夏、秋、冬四种类型，以最佳色彩来显示人与自然界的和谐之美。

每一种类型的人都有与之相应的36种最适合的颜色。借用色彩，即使是最普通的服装也能穿出最美的效果。

总之，用不同的色彩和图案能演绎出复杂多变的个性，最易为时尚注入新的活力。

四、饰物的种类及其在着装中的意义

（一）饰物的概念与种类

饰物：一是指首饰；二是指服饰品。首饰，在古代一般通指男女头上的饰物，俗称"头面"。之后按民间约定俗成的概念，首饰除发饰、冠饰外，还包括耳饰、项饰、手饰、足饰等，逐渐成为人体全身装饰品的总称。它是在人类追求美的过程中产生和发展起来的。在茹毛饮血的远古时期，大自然赋予人类美的启示，人类利用石珠、砾石、兽牙、石片、贝壳等材质，经过精心钻孔、磨制、串缀，并涂以红色赤铁矿粉屑，做成称为"串饰"的项链、手镯或脚饰等装饰品。发明火以后，人们用泥土做成各种形状的装饰品，经高温烧制，成为原始的陶瓷首饰。四千多年前，希腊人使用玻璃做成的各种造型的首饰品晶莹亮丽。古老的非洲黑人，用木头、兽骨、宝石、陶瓷、黄金等材料雕成形态各异的首饰品，造型十分古朴、美观。我国封建社会时期，首饰成为宫廷贵族以及贵妇极力追求的奢侈物品，选材也日渐昂贵，如金、银、珠、玉、翡翠、珊瑚等。据《后汉书•舆服志》载："后世圣人，见鸟兽有冠角䫇胡之制，遂作冠、冕、缨，以为首饰。"又据东汉刘熙《释名•释首饰》可知，当时首饰包含范围很广，有四十多个名目。有发饰：簪、钗、步摇、胜、金钿、珠花等；颈饰：项链、项圈、长命锁等；耳饰：耳环、耳坠；手饰：钏镯、指环和顶针等；带饰：带钩、带扣、蹀躞带等；冠饰：金冠、凤冠、步摇冠等；佩饰：佩鱼及金香囊等。

随着社会生活的发展，首饰概念的外延越来越大，现在把胸针、领带、发夹、帽花，甚至头饰、发饰、胸饰、腰带、带扣、徽章等也包括其中。

纽结指服装上交互而成的具有系紧、固定作用的扣结。主要包括扣和结两种形式，如纽扣、盘扣、蝴蝶结、腰带、领带、领结等。古代人们用"结绳记事"，

华丽的手镯设计。

用植物果、枝做首饰，别具一格。

点睛之笔的耳坠设计。

名贵典雅的首饰表现出瑰丽的外表和多变的内涵。

多彩而时尚的配饰设计。

简洁淡雅的腰巾起到画龙点睛的作用。

起着画龙点睛作用的耳环与人体着装形成和谐统一的整体。

女帽与服装设计和谐，整体凸显出时尚而亮丽的个性之美。

休闲装中首饰的搭配更显女性的高贵典丽。

时尚着装，美履适之。

金色的饰物与着装协调而亮丽。

哈尼族盛装佩戴的头饰，工艺复杂，华贵富丽。

并把结绳挂系于身上，成为装饰品，后来演变成襻扣、带扣、腰巾等。在服装设计中，纽扣的造型、用料、色彩随潮流而变，纽扣的合理配置能增强服装的结构之美，从而起到画龙点睛的作用。腰带是服装中的分割线，是构成形式美的手段，系腰带的部位可上下调节，修正人体之比例，增添美感，还具有保护腰部、保暖之功用。

首饰的魅力在于造型、质地、色彩等诸多因素与佩带者的脸型、身材、年龄、职业、环境等的和谐搭配。随着科技的进步，首饰的材质也大为改观，其制作材料主要有金银、仿金银、珠宝玉器、塑料、皮革、石头、木头以及各种合成材料等，起到锦上添花的作用。

男性首饰多为实用性的，如挂表、皮带扣，也有用戒指、项链、耳环等做装饰的，色彩多素雅、稳定。女性首饰种类繁多，多为装饰美化女性形态的，色彩既有浓艳的，也有清新淡雅的，其风格日趋多样化、个性化。

服饰品主要指手帕、纱巾、帽子、靴子、包、领带、墨镜等。

（二）饰物在着装中的意义

从人类文明史来看，饰物在人类没有穿衣之前就已产生，因此，人类着装与装饰是不可分割的。服装的饰物包括头饰、领带、领结、腰带、胸饰、手饰、腿饰、足饰等。饰物在人们的着装中起到画龙点睛的作用，其意义可使着装者的气质、精神、形象得到增益，使人、服装、饰物三者形成和谐统一的整体美。

历史上对权贵而言，许多首饰造型繁琐，制造工艺精湛，成为标示其身份与权势的象征。大多数人，通过佩戴饰物，表现其生活的经济状况和社会地位，表示人与人之间的关系。而现代社会则更多的是标示生活的富裕和对美的追求。在我国少数民族地区，据传说，首饰曾是避邪驱鬼、保平安及光明的象征，后来逐渐演变为贵与美的体现。首饰越多，便越富越美，这种观念几乎成为各民族共同的心理状态和风俗习惯。傣族妇女发髻上簪戴彩色花环；阿昌族男女人人佩戴小朵真菊花或人造菊花；藏族妇女的盘头发辫都缠以红绿相间的彩色毛线，虽无珠光闪烁，但却显得格外秀美；贵州苗族妇女喜欢在头上插木梳，有月牙、菱角、马蹄等形式，或木质本色，或大红油漆，有的甚至包银、点蓝，有的在梳背上装细弹簧，簧顶有银花、银鸟，有的在乌黑的梳背上阴刻花鸟或红绿彩绘，木梳既可用于缠紧头发，又成为一种发饰品；高山族妇女插的木梳，梳背上有一个小人或雕一对相向的蛇形物，别具特色。这些饰物不仅是一种造型的艺术，而且是人类行为的艺术，是人类行为的礼仪化、规范化，是一种普泛化的人类行为和社会生活方式，因而它体现了人类行为方式所具备的文化性和文化意义。

夏奈尔品牌的高贵头饰，凸显镂空的艺术魅力。

配饰设计为简洁的服装增添了几分浪漫情调。

基础理论——

服装设计美学的范畴与基本特征

课程名称： 服装设计美学的范畴与基本特征

课程内容： 为生活的性格

　　　　　服装的美学特点

课程时间： 5 课时

教学目的： 了解服装是人类生活方式的一个重要组成部分，是实用与审美的辩证统一。

教学要求： 通过服装美学的讲解，分析服装的整体美、动态美、主题美和艺术美的特质。

第七章　服装设计美学的范畴与基本特征

款式与黑白灰构成服装的整体美。

俗话说"佛要金装，人要衣装，三分靠相，七分靠装"，穿衣戴帽各有所好，证明服装的重要性和穿戴存在设计美学的问题。服装设计美学是新兴的设计美学的分支学科，与其他设计类学科一样，应用性很强。服装作为一种物质产品，是以物化形态实现的，所以服装美学的研究范畴也应以物质生产和物质文化领域中的美学问题为中心，包括服装美学本身的内容，如式样、色彩、图案、韵律、外轮廓线、制作工艺等。同时，服装设计所包含的精神文化和观念文化的内容，又使服装设计涉及心理学、社会学、人类学、民俗学、宗教学、生理卫生学以及商业、贸易等，体现在服装的文化价值和时代特征方面，构成了美学研究的主题。

一、为生活的性格

服装设计的美，本质上是超越生存的产物，如果仅仅为了维持生存，人只需要把服装看成是满足物质生活需要且具有使用价值的产品就够了，而不需要艺术地创造——服装美的存在。人作为自然界的一部分，在长期认识自然的过程中，实现着外在自然的人化过程，创造出客观世界的美，同时也实现着内在自然的人化，形成自身的审美感官、心理结构以及审美能力。大量的史前文化证明，人类对于美的创造和追求，是创造"物"就开始存在的。因此，人之为人，不仅是为了生存，而且是为了更好地生存——超越生存。我们说，服装与饰物结合构成服饰。服饰与人的着装构成人的外观形象，其中反映出人的美有两个层面：一是人的形体美，包括人形体的自然美和经穿戴所体现的服饰美；二是人通过社会生活所表现出的内在美，它反映了人的气质、仪表、修养和品位等。服装是和人的自我表现联系在一起的，优美得体的服装设计，不仅使着装者形体、容貌美丽，同时也讨人喜欢。服装之美与人的需要和生活是一致的，是需要与满足的和谐之美。故服装美的本质无疑是"生活之美"。

（一）服装功能与美的统一

服装——作为特质文化，它必须满足人们在社会生活、生产劳动中多方面的需求，但它又必须是精致的、优雅的，在艺术上给人以美的享受。功能与美的统一是服装的本质特征。

服装美的产生，首先是以设计的力量去赋予服装美的结构和造型，其结构、材料、技术所表现出的合目的性和合规律性的功能的统一，构成了这一生活美的特质层次或可视形式的基础。没有这样一个可视、可感、可触的基础，其层次上的美，将是一句空话。服装最基本的功能，就是生理上的功能，即保护人们的身体，使人们在不同气候、地理环境下，冷暖适当，从而健康又愉快地生活。随着新材料的层出不穷，相继出现了吸汗快干、蓬松柔软、防水透湿、蓄热保温等舒适性织物，抗菌抑菌、消臭抑味、防污易洗等卫生性织物，以及远红外、负离子、防紫外线、防电磁波等保健性织物等。这些都构成了服装的实用性功能。

在服装功能美的形成过程中，合目的性体现了物的实用功能所传达的内在尺度要求，即构成服装的结构、材料和技术等因素所发挥的恰到好处的功利效用。合规律性，则表现了功能美形成的典型化过程。从价值意义上认识，服装的有用性和合目的性构成了使用价值，体现人造物的基本动机。服装的面料，裁剪、缝纫的技艺所体现的良好质量使服装具有牢固、耐用、实用的功能价值。美的创造又增添了实用存在的意义，形式之美对用而言是不可剥离的。艺术性是服装设计的灵魂，它是表现设计水平的关键。在这里，形式美可以理解为是功能美的抽象形态，指构成服装的款式、面料、色彩、图案以及它们的组合规律，如比例、均衡、夸张、韵律、节奏、统一等所呈现出来的审美特性。

实用与审美的统一通过服装与人体的统一表现出来，这中间它们是互相联系、制约、融为一体的。最终人体为服装所美化，服装服从人体的需求而统一在一起。另外，现代生产方式把经济、效用与美联系在一起，因此经济原则也成为形成功能美的必要条件之一。

（二）作为商品的审美价值

艺术的本质是审美，服装设计主要通过审美特性产生市场效应，这种效应应体现在商品的审美价值的特点上。

服装作为商品的有用性构成商品的使用价值，它反映了商品对人所具有的意义和作用。使用价值是构成商品的前提，同时也表现在消费者主体需要的客观联系上。当社会环境和文化影响造成人的需求变化后，具有使用价值的服装，会随着时代的变化和人们的着装习惯改变它的使用价值。这里，物质的特性未变，但人的需求改变了。在服装设计中，商品满足人的需求的特性是功能，它是商品使用价值的具体表现。商品的功能可以划分为实用的、认知的和审美的，因为审美价值本身便是商品使用价值的一个组成部分。由于人的精神需求的特殊复杂性，在商品审美功能和认知功能之间表现出多种相互融合和交织的状态。通过审美方式，对使用价值进行外在表现，这是对商品的一种审美抽象。人们不仅可以通过商品满足自己的物质需求，还可以通过商品满足人们的审美和精神需求。由此可以看出，产品的艺术设计的审美创造不仅可以满足人们的物质和文化需求，提升人们的精神文明水准，而且有助于提高企业形象和产品的市场竞争力，给企业带来巨大的经济效益。

二、服装的美学特点

（一）服装的整体美

服装美的第一个特点是整体之美。它包括服装、饰物、化妆，并与人体和环境相互协调，与着装者的身材、容貌、气质、文化品位等融合为一体所表现出的整体形象。

服装作为一种视觉艺术，它必须以具体而完整的"形象"（造型、结构、图案、色彩的组合体）这一独特语言来传情达意。服装的整体结构即服装的外形结构，是服装外轮廓线形成的形体，是服装大效果的体现，它对服装的外观美起着决定性作用。通常在不影响其功能的基础上可以通过调节服装的肩宽、三围、裤脚或裙摆形成不同风格的造型效果，但光有外形的设计而没有局部的结构变化，往往会显得空洞而呆板，局部结构变化即服装的领、袖、口袋、腰部、省道等变化。局部要服从整体的需要，相得益彰。16世纪英国哲学家培根（Bacon）说过："美不在部分，而在整体。"可见"整体"是一切艺术造型的审美准则。服装整体之美，不是部分与部分相加，而是指服装款式、材质的应用、色彩图案、饰物、工艺制作，甚至头饰、妆容等诸要素之间的组合构成。同时，还要兼顾服饰品的搭配组合，包括帽子、手套、围巾、包、发饰、项链、耳饰、手饰、纽扣、领带、鞋、腰带等。要取得和谐一致，其内部关系要相互联系、相互作用、相映成趣，给人以有机整体的美。从服装造型而言，"整体性"是构成服装美的主要灵魂。

细节与整体之美。

意大利设计师缪西娅·普拉达（Miuccia Prada）设计的都市时装。

服装属于立体造型艺术，设计时应考虑到服装穿着后人体活动各部位的立体感和动静感。其整体美要有主有宾，要有重点。服装的部位不同，结构各异，如领、肩、胸、背、袖、下摆等部位，其装饰规律除依据特定部位采取相应手法外，应特别注重与款式整体的关系。"变化与统一"等形式美的法则应贯穿其中，如平衡的布局应视人体结构的对称而定；对比与调和，则应以服装上下款式、服装

与饰物、图案的粗细大小及色彩的配合而定。总之，服装的整体美既包括人体与服装的和谐统一关系，也包括服装整体设计中局部与整体的和谐关系。另外，人总是在一定的空间、时间中活动，所以，服装也要考虑与环境协调一致。

（二）服装的动态美

服装的动态美，指服装随着人体在空间运动、变化时所产生的一种美。人在活动时，人体的各部分比例和形态都会发生变化，原来无生命、静止状态的服装，随着人的活动而产生各种各样的姿态和体形，呈现了服装美的另一个特点——动态之美。

服装的动态美，是随同人体形在空间运动、变化时所呈现的相应的美学特征，服装被设计师称为动感的艺术。因此，服装一旦与着装者结合在一起，就会随着人的活动而被注入灵性。这种动态的美，反映出着装者的气质与风度，充分体现了服装本质的真实效果。庄重的西装、洒脱的猎装、粗犷豪放的牛仔装以及线条简洁明快的夹克等，均显示出男士健壮、成熟、宽大的阳刚之美；而曲线毕露的旗袍、套裙、丝绸衬衫和毛线衫等则表现出女士的阴柔之美。宽松的衣袖和裙子随着微风或舞蹈的动作而旋转，形成美丽的曲线。取材于敦煌壁画的《丝路花雨》舞蹈，其中轻盈舒展、飘飘欲仙的长袖飘带的设计，吸收了服装的动感因素以加强舞蹈的艺术感染力。连衣裙可以尽现女性的飘逸，T恤则使女性举止更潇洒。而服装在人体的动态中所呈现出的曲线和不确定性，使其显示出了生动的姿态和无限的意味。日本设计师三宅一生认为："人活动的时候是表现个体的最佳时机，出色的时装能够将穿着者的肉体释放出来"。他的作品即使是同一款式也不会有固定的模式，而是随着人体的运动充分展示出服装的灵活性和多变性。因此，服装设计必须符合人类生活中各种丰富多变的活动方式以及在活动方式中所形成的立体造型，必须从不同的距离、角度进行设计，而不能只顾正面一个方向。

（三）服装的主题美

"主题美"，是艺术作品中思想、情感、追求

点线与黑红的对比，引发令人赞叹的浪漫主题。

的体现，是艺术家选择、描绘、诠释作品现象时所显示出来的中心思想，是作品思想内容的核心。因此，服装的流行与传播，同一切艺术品一样，是时代的产物，不可避免地会受到社会活动和社会思潮的影响，而某种社会活动、社会思潮又使服装成为时代的装束和标志。每一款服装在设计时都要围绕一定的主题或表达一定的文化内涵和艺术风格。例如，超短裙的流行被认为是自由的 20 世纪 60 年代的代表，而紧身胸衣则被看成是维多利亚时代的象征。此外，还有法国的皮尔·卡丹讲求造型的旋律感、时代感、青春感；法国的安德烈·库雷热（Andre Courreges）塑造的未来主义风格；"闪光片时装之王"的弗朗索瓦·勒萨热（Francois Lesage）的刺绣臻典；安德罗比（Ande Robbie）和伯莱特（Palet）设计的"构造式样"；以及纪梵希、拉格菲尔德、阿玛尼（Armani）、詹弗兰科·费雷（Gianfranco Ferre）等推出的晚装、泳装、休闲装、内衣……无不展现出现代女性迷人的身姿与靓丽的面容，显露出女性穿着的舒适、洒脱的浪漫主题。20 世纪 90 年代末，国际上出现了后现代主义思潮的多元化，亦导致时装主题的多元化。由于环保意识的提倡、怀旧情绪的出现、高科技的冲击等，"环保时装"应运而生，许多设计师都将环保理念贯穿于服装设计之中，使当今时装的表现主题十分明确。对过去的怀念和对未来的构想，又使人们在时装上同时表现着复古和前卫的主题，中式服装的回归和现代版"洛可可"风格的出现，以及以高科技面料制作的可开合式前卫时装都很好地说明了这一点。因此，当服装作为表现主题的一

种形式而置身于总体文化的氛围中时，由于其中包含的内容极其丰富、历史积淀深厚，因而具有极强的视觉冲击力和时代审美特征。

（四）服装的艺术美

这里指服装艺术在长期的发展演化中与其他视觉艺术形式相互依存、相互影响所产生的艺术美。纵观东西方服装发展史，其间无不渗透着绘画、建筑、雕塑、装饰等多种艺术的滋养，这些姊妹艺术是服装设计的创作源泉，相通的形式美法则把服装艺术与其他造型艺术连接在一起，而且在相同的历史时期不约而同地反映相同或相似的内容。例如，古希腊服装中的褶裥与同时期神庙柱上的装饰线，文艺复兴时期宽大的加衬垫的服装与当时的建筑风格，巴洛克、洛可可艺术与同时期服装无以复加的装饰，中国清代的宫廷服饰与建筑风格等，在装饰上都有着内在的一致性。

另外，在服装上佩戴各种首饰，施以各种手工刺绣、挑花、贴花以及运用蜡染、扎染、手绘、机印花布等艺术手段，使服装既表达有限空间的视觉美，又符合人体视觉的比例关系，是服装艺术美的重要表现方式。

现代服装设计更是与各种视觉艺术休戚相关，无论是整体风格还是细部处理上都能反映出其他艺术形式对服装的影响。例如，现代音乐影响和推进服装设计中的不规则的结构造型和色彩造型；古典式音乐给服装带来对比柔和的线条和色彩，出现了乐于表现"流水般柔软和动感"的德国时装设计大师卡尔·拉格菲尔德；善于从古典艺术和现代艺术中同时吸取精华的意大利服装大师范思哲等。现代造型艺术和现代艺术思潮，给服装带来了更加丰富的设计。例如，20 世纪 30 年代受超现实主义艺术影响而产生的超现实主义时装，创造出了一种梦幻中的现实；受俄罗斯构成主义艺术的影响，出现了几何形式和抽象形式的建筑风格时装；带有视幻艺术风格特征的时装；波普艺术风格的时装；伊夫·圣·洛朗受抽象派画家蒙德里安作品的影响而创作的"蒙德里安"式样；森英惠（Hanae Mori）受日本浮士绘画的影响而创作的时装等。日本著名时装设计师杉野芳子认为"服装是布的雕塑"，说明现

时尚的艺术形象设计。

代服装设计在构成意识上，很重视考虑服装的体积空间效应。在这方面，服装受到雕塑语言的影响是不言而喻的，如量感、触觉感、节奏运动感、线条、肌理、光影、色彩，甚至包括浮雕的直观表现形式等。对不同视觉艺术的借鉴，使服装的造型具有更加强烈的艺术性，也往往给服装带来更有新意的设计。

借鉴吉卜赛风格创意的时装。

（五）材料与技艺的美

服装材料类型很多，根据用途可分为面料、里料、衬料、填料等。服装材料是形成服装设计美的基本条件之一。人类穿衣的历史，实际上是与材料打交道、感受、体察和使用材料的历史。材料在视觉上会给人带来心理和审美的感受，并成为影响人们选择、穿着服装的重要因素。当材料与一定的工艺造型组成一个统一的有机体，服装也就具备了由材料与技艺带来的审美特征。

人对服装材料的感受是综合性的，由视觉、触觉等生理感受而形成心理的和审美的感受。这种经验性审美、心理感受反过来又会影响和规定服装材料的选用趋向。在服装材质肌理变化上所产生的多种视觉效果十分丰富，不同的质地和肌理都会引起相应的视觉美感，如粗糙意味着大气、粗犷，细密意味着精致、细腻，疏松意味着舒适、随意，光滑意味着精美、华贵，闪光意味着前卫、华丽，轻薄意味着柔软、飘逸……除视觉外，触觉在现代人类感性发达的体验中也占有重要位置，人对服装材料的视觉感受与人对材料的表面触觉是结合在一起的。对棉、麻、丝、毛等纤维材料而言，往往是通过手感和穿着使肌肤的触觉强化。人们在挑选服装、布料时，触觉（即手感）对肌体

高科技面料设计的旗袍装与裘皮装相配，古典而现代。

简约的廓型是精细工作与特殊工艺的体现。

的适应性和舒适感尤为重要，如布料的轻重、粗细、软硬、厚薄、凹凸以及光泽感等，同时，还要有良好的吸湿性和透气性。这些都直接影响到服装的审美效果，并成为服装设计师表达独特风格的内在条件。

无论是天然纤维，还是合成纤维，一般都要经

过纺织，然后印染，再作后整理。决定服装面料外观美的因素是纱支、织物组织结构、肌理、色彩、图案等，其中织物上的图案与色彩，属于衣料的工艺加工部分。许多服装设计师利用先进的设计和工艺，最大限度地改变材料的外观，使许多材料重放异彩。如著名时装设计师三宅一生更是竭尽创意之能事，用拼凑、烧烙、火烧、刮擦、压褶等处理手法提高材料的品质，使材质本身所具有的潜在视觉美感得以最大限度地发挥。

衣料是通过工艺加工制成服装成品的。现代技术不仅改变生产本身，而且改变了人的观念、审美意识，并使人们重新认识和发现包含在技术中的美，一种独具价值的美。技术美界于自然美与艺术美之间，它不仅包括机械技术的美和机械产品的美，也包括手工艺技术的美和手工产品的美以及其他具有美的效果的技术。技术美与功能美有着内在的联系和一致性，功能美构成技术美的特征，也是技术美意识结构的核心因素。服装的技艺美体现在整个加工过程中，通过工艺材料、形式和功能三个方面表现出来。服装技艺通过加工材料成就款型，这是以美的规律为基础的，技术加工的技巧能够唤醒在材料自身中处于休眠状态的自然之美，把它从潜在形态引向显性形态。因此，工艺加工制作中对材料的利用不仅对于服装的实用功能有决定意义，而且也是形式美的内容之一，它展示着来自材料、结构、功能、形式等合体而和谐的合目的性的美与技术美。对于高级时装业来说，服装工艺技术是其维护名牌声誉的法宝，精工细作与特殊工艺体现在每一个细节中。服装加工技艺的美主要表现在以下几个方面：

（1）在设计服装时，度量人体的比例、尺寸是非常重要的。严格地说，人的形体是各不相同的。所谓"量体裁衣"就是通过准确地测量数据来解决衣服的合体问题。传统的度量形体分为两种方法：一是直接在人的形体上度量，称为直接度量；一种是采用若干基本的度量尺寸，然后核对、计算出整个服装的比例，称为综合度量。但从服装艺术的观点来看，由于不少人的形体或多或少有些缺陷与不足，这需要服装设计师在结构设计时依据形体上的其他比例来补充服装式样上的比例，从而得出平均的数据，使服装能够突出形体的美，掩饰着装者的不足。例如，

利用腰围线设计的高低来改变臀部和腰部的长短效果，利用裤子、裙子的长短、肥瘦来改变腿部的线条，利用上装和下装的长短来改变上下身的比例等。

（2）服装板型是以平面形式表现三维立体形态的服装技术工艺，它的技术性主要体现在服装结构的构成形式、材料性能的正确利用和服装与人体之间空间的合理分配等方面。服装裁剪时须以度量的尺寸为依据，线条、角度、弧度之间的量值均需用数字表达立体的人体形态和设计师的美学观。将服装的前身、后身、袖、口袋等按服装设计的款型裁剪出来，再进行缝制。缝制时，各裁片需经过锁边、加衬、归拔、熨烫定型成缝合形。在制作过程中应边做边熨烫，使服装达到挺拔平整的工艺效果。

（3）精确地裁剪、精美地缝制，是服装创意完美化的保障。在加工技艺中，要根据服装的造型、面辅料和结构设计确定加工工艺和材料。就缝合而言，可以形成风格各异的缝合外观和不同的缝合强度，这是服装整体造型和款式风格的重要组成部分，如平面与立体、见线迹与不见线迹……它们之间的巧妙组合，拓宽了服装设计的表现手段。设计与工艺的有机结合，使技艺美与质量同步提升。

（4）褶裥是产生内结构线的造型方法。布料的折叠缝制，能产生立体感，是服装细部装饰的工艺形式之一。褶裥的造型手法多种多样，有熨烫褶（包括顺褶、对褶和压线褶）、堆砌褶、抽褶、波浪褶和折裥，还有细皱褶和自然褶等。利用织物的悬垂性及经纬纱向，既能实现造型上的功能，又能给服装的变化带来无穷的趣味。褶裥的造型原则，需要在长期的实践中不断探索，不断积累经验，丰富自己的创造内涵。

随着计算机技术的不断发展及艺术设计人员的参与，计算机已成为当今服装设计领域内的重要组成部分。服装行业的设计与生产已进入自动化、高效率的时代，不仅量身测体用光电设备，设计和制作均用计算机和现代化机械来完成。工业化生产的需求促进了服装CAD这一高科技产业的发展。20世纪90年代末，服装CAD／CAM技术的普及，加快了服装工业的现代化进程。美国率先制订了"无人缝纫2000年计划"，以最大限度提高服装设计制造的效率，改善产品的品质；日本也开发出三维立体缝纫系统，达到了服装量身定做的单件生产水平；欧洲国家不仅

完成了服装自动化生产中各单元技术的开发，而且有机地将各单元技术集成起来，实现服装计算机集成制造。在服装设计中采用先进的信息技术、计算机技术，可以虚拟服装设计，包括服装款式设计（FDS）、服装纸样设计（PDS）、纸样缩放（Grading）、排料（Marking）等；甚至可以先销售，后制造，只有这样，才能满足知识经济时代服装产品的多品种、短周期、高品质、高附加值和快速高效，同时更突出产品个性化的需要。这些革命性的发展将会使服装的工艺技术更加精致完美。

腰带系于腰部最细的部位，流露出优雅，面料的厚与薄、粗犷与细腻的对比则体现随意不羁。

应用理论——
时装的流行与品牌营销

课程名称：	时装的流行与品牌营销
课程内容：	时装流行的心理机制
	时装的特征
	流行与传播
	服装品牌与市场营销
课程时间：	7 课时（含放时装影像 2 课时）
教学目的：	了解时装流行的成因以及时装的周期性和时效性等特点，熟悉时装流行预测与传播方式，了解服装品牌的特点与营销策略。
教学要求：	结合市场调查，分析时装的流行趋势与传播方式，了解服装品牌的营销模式。

第八章 时装的流行与品牌营销

一、时装流行的心理机制

"流行"是一种客观的社会现象。它反映了人们日常生活中某一时期内的共同的、一致的志趣和爱好。流行所涉及的事物内容是相当广泛的，但在众多的流行现象中，不管是哪个时代，与人的形象密切相关的时装总是占有最显著的地位。

流行与模仿是不能截然分开的。没有模仿，流行也不会发生。法国社会学家让·加布里埃尔·塔尔德（Jean Gabriel Tarde）在《模仿律》[❶]一书中认为：流行从一个时代与另一时代纵向相连时成为习惯，将新的东西作为优势，在横向空间通过模仿扩展开去，便成为流行。

流行可分为四种主要因素：

（1）权威的因素。

（2）新奇的因素。

（3）实用的因素。

（4）美的因素。

人们在着装方面普遍存在着求新求美的心理，以及在此基础上产生的求异求同心理，这些心理动机是时装流行意识的根源。当一件时装新款出现时，人们就会在一定的心理动机支配下，根据个人的兴趣和修养来选择服装，要么趋同、要么求异。保守和求新构成了人类本性的双重性。因此，时装流行的心理机制往往表现为两种对立的心理倾向：一是，求新求异的心理动机——为了炫耀，时装就是因炫耀而产生的，表现出求新奇、迥异，别出心裁，敢于突破常规；

二是求同从众的心理动机——要求新和美，入时应景，合乎潮流，这种心理会使时装迅速传播，加快仿效，从而促进时装的流行。

二、时装的特征

（一）时效性

时装的流行联系着一定的时空观念。时间与空间有它们的相对性，在同一空间里要考察时间的长短，在同一时间里要辨别空间的异同。因此，时装必然有它强烈的时效性。今日流行，明日落伍；更新越快，时效越短。从法国几十年来展示的时装中可以

创造性的面料和新的完美加工手法，突出时尚和个性魅力。

---

❶ 加布里埃尔·塔尔德.《模仿律》. 何道宽，译. 北京：中国人民大学出版社，2008：8。

呢绒与色彩交织出梦一般的新视觉（杨春春设计）。

有"时装界的建筑师"之称的费雷设计的高级女装。

看到风格的突变：曾经是色彩灰暗、松垮宽大的"乞丐装"流行全球，继而便是金光闪闪、珠光宝气、缀满装饰物的"珠片衣"充斥市场；喇叭裤虽然以挺拔优美的气质独领风骚许多年，但仍无力抵挡流行的大潮，终被上松下紧的"萝卜裤"取代，紧接着出现了直筒裤、高腰裤以及实用而优雅的七分裤、九分裤、宽脚裤等的流行；去年满街还是过臀长衫，今年已变成露脐的短褂……其款式变化、花样翻新令人目不暇接。据资料统计，近些年来的大多数服装款式的寿命平均只有三至六个月，甚至更短，这几年的变化更加频繁，款式空前丰富。即使是人们认为比较稳定的男子西装和牛仔装，也因流行潮流的冲击在不断变化着。因此，设计师只有把握住流行的时间长短和空间范围，才能保证服装流行的效应。

（二）周期性

时装由流行到衰落的过程形成了流行周期。循环往复、周而复始是事物发展的基本规律，服装的流行也有其萌芽、成熟、衰退的发展规律，一般分为三个主要阶段：

（1）上升期：或称导入期。这一时期出现的时装是潮流的先驱，常为追求时新服饰的少数人所采用。

（2）高峰期：或称追随期。导入期出现的时装由被少数人接受变为被众多消费者所接受，达到流行高峰。

（3）下降期：或称衰退期。原来流行的时装逐渐被新的流行时装所取代，本周期的流行过程逐渐完结和消失。

时装的周期循环间隔时间长短在于它的变化内涵，凡是质变的，间隔时间长；凡是量变的，间隔时

巴黎流行男装。

间相对较短。所谓质变，指一种设计格调的循环变迁。一种新款的时装，可能流行一年，第二年便过时了，但它仍旧是一种格调，只不过不再是一种流行款式而已；但若干年后，它又会以新的面貌出现。美国加利福尼亚大学教授托马斯·E.克罗（Thomas E. Crow）在观察了各种服装式样的兴起和衰落后，得出结论：时装循环间隔周期大约为一个世纪，在这之中又有数不清的闪电般的变幻……人类对于服装特征的独立研究表明，某种服饰风格或模式趋向于十分有规律的周期性重现。时尚周期的另一尺度与"循环周期"的原则有关，即一定时期的循环再现。如近年来国际时装流行的典型外轮廓造型之一的直筒型，是流行于20世纪初迪奥风格时装的再现。而"复古""回归""走向自然"等主题，也都是服饰格调的周期循环。

量变与质变相比较，周期间隔时间较短。服装的历史告诉我们，许多年前曾被人们钟爱的款式会稍加修改再度出现。款式总是在各部位的比例尺度之间徘徊。例如，20世纪60年代流行的港裤是紧包在身上；20世纪七八十年代流行的喇叭裤是臀部和大腿包紧，裤脚宽松；20世纪90年代流行的萝卜裤是臀部和大腿宽松，而裤脚收紧。这些变化就是典型的量变过程。因此，循环绝不是简单地不加任何改动的重复，而是每一个循环周期都有一定的创新和改革。旧的款型经过发展变化为新的款型，新的款型又逐渐成为旧的款型，新与旧是辩证的统一。

人类不同的历史文化背景、观念意识，对审美意识的影响是深刻的、内在的和微妙的。当代是人类的个性充分自由和多样发展的充满活力的时代，人们的审美情趣更是千差万别，一些历史的审美观往往以新的形式复活，服装的周期性循环正好说明了这点。由于这些差别的存在，才丰富拓展了人们的审美经验，扩大了人们的感受。因此，对于现代服装设计来说，恰当地把握这种审美形式的丰富性和差异性，对提升我们今天的设计是有重要意义的。

（三）标新立异的观赏性

在服装流行的长河中，美以各种形式交替演变，这是一种特有的文化现象，戏剧性地反映了人类的自我表现欲望、竞争意识和对新鲜感的不懈追求。人类着装从简陋的衣服发展到富有观赏价值的时装，也正反映了这种追求必然会随着人类文明的进步而不断发展。

服装流行开始是少量地出现，稀有意味着新鲜，新鲜之中包含着与众不同的美感，所谓"物以稀为贵"，人人都去争当稀有者，一旦领先性的款式出现之后，追随潮流的人们大量仿制，使流行蔚然成风，这时少数变为多数，新鲜的不再新鲜，美感不复存在，流行的周期便告尾声。与此同时，人类永不满足、标新立异的天性又促使新的式样开始流行。由此构成服装流行不断地向前推涌。在这种情况下，标新立异呈现出一种独立价值。"标新立异"可以意味着一种时尚或风格的迷人程度和偶像化程度，也可以意味着时装中的异国风味或罕见的主题。由于时装系统是建立在常见主题和罕见主题的相互关系和相互冲突之上的，所以作为表现手段，异国风貌就显得尤为有效。

极具观赏性的流行时装。

一个时代的政治、经济、文化决定了这个时代的人们的审美标准。现代高科技可以使服装业面貌一新，各种质感奇异、功能完善的服装材料成为服装流行的重要内容。而款式、色彩、图案的多变又使流行的周期变短，服装设计师只能在了解人类审美规律的基础上，去发现流行的先潮，从而能够合时宜地把流行推向高潮，扩展到全世界。

三、流行与传播

文化学理论认为，文化传播即文化的互动行为和交流行为，是社会群体以及人与人之间的文化流通关系。从人类文化的存在和历史而言，文化总是处于一个传播与流动的过程之中，没有文化传播也就没有文化的发展和变迁。人类的任何一种文化都是在传播中发展的，时装的流行与传播也不例外，各时间、各空间的服饰文化相互传播、交融、混合、并存，促进了服装的变化。现代社会是以消费为主导的时代，市场对服装品牌的推进早已不再是那种告知性的传播活动了，市场传播实际上有意无意间创造了一种服装消费文化和生活方式。

（一）流行的传播方式

1. 纵向流行传播

历史上时装本来就是从宫廷发展起来的，皇族的服装是上层社会服装的典范。紧随其后模仿的是一般贵族，然后接踵而来的是富有阶级。贵妇们的服装、发式、帽、鞋等样式都对当时服装流行的式样起着决定性的作用。翻开中国的史书，王安石的《风俗》篇云："京师者，风俗之枢纽也。所谓京师是百奇之渊，众伪之府，异装奇服，朝新于宫廷，暮仿于市井，不几月而满天下。"说明古代时尚的流行，是自上而下、先宫廷后民间的传播方式。

即使到了资产阶级民主社会，皇族权贵不复存在，时装也是由经济地位领先的人士所享用，一般大众仍是模仿追随上层的时装，于是在人们的不断模仿中，服饰文化沿着社会历史发展的轨迹不断同步前行，这种现象，被经济学家称为"向下细流原理"。当一个时代一个时代纵向的时间性地流传时，在纵

时尚的色彩与图案，体现以回归自然为主题的设计。

瓦伦蒂诺用高级时装塑造贵族感。

纹饰的处理使端庄的西服也多了几分时尚的元素。

时尚杂志成为服装流行的传播方式之一。

自由表现成为时尚流行的个性化或另类的标志。

向的时间性继续上形成了人们常说的服饰文化的"传承"，20 世纪以前时装的传播大都属于这一类。

2. 横向流行传播

进入 20 世纪以后由对上层的仿效追随，变为平行之间的模仿，如对社会名流、演员、歌星等穿着打扮的模仿。多种多样的传播媒介与广大消费者及诸多因素有机结合后，形成一张平面的大网，就此形成了服装流行的横向地域性传播。长期以来，在国际时尚圈中形成了以巴黎等欧洲名城为中心，进而辐射周边地区和世界各地的格局。这种时尚影响的方向是单向的，就是西方影响东方，尤其是以巴黎女装为代表的西式服装确立了通过各种精致准确的省裥、衬垫工艺来实现的充分合体或紧体的造型方式。在 20 世纪的上半叶，这种造型方式通过传播成为国际时尚的主流，而到 20 世纪下半叶，东方式的平面构成观念，即类似于历史上的前开包裹型、挂覆型、贯头型的建构方式等又向西方传播，推动了西洋服饰文化朝着东西混合的国际化方向发展。

此时日本设计师代表了最具革命性的渗透力量，其中三宅一生、川久保玲、高田贤三、山本宽斋和松田光弘等，他们共同抵御了服装设计界的许多戒条，同时用实用的服装来代替追求完美形式的服装。他们设计的服装不同于巴黎的时装，其影响削弱了西方有关身体、身体与空间之关系以及服装常规的种种观念，在某种程度上改变了时装界的面貌。西方时装已将非西方的影响、传统和形式纳入到自己的潮流中。这种传播方式形成了西方与东方相互影响、相互促进的格局。

国际社会的时装流行规律表明，时装的流行方式虽然还是模仿，但已发生了很大变化，更多的是选择自己所羡慕的时装样板，如模仿影视明星、国际的时尚衣装等。这些流行时装主要通过大众媒体、时装表演、服装展示以及人们的相互影响来进行传播，先由高级时装逐步走向中低档时装。目前国际上的女装以法国的巴黎为中心，男装以意大利的米兰为中心，各国的高级时装都是由这两个中心首先发布，然后向世界传播。尤其是互联网的出现将人类带入了真正意义上的信息社会，远隔万里的大量信息的流动在瞬间就可以完成，网络的特殊开放性可以使世界范围内的时装信息资源共享，真可谓时装无国界。在网上，时装可以被传播得更广，流行变化的速度也会加快。到20世纪60年代以后，甚至出现了大众流行的穿着打扮向社会高层传播的方式。当服装流行的这种横向的地域性扩大与纵向的时间性继续有机地结合到一起时，人类所创造的服饰文明就通过传播和传承两种方式形成纵横空间时间的交互网络，产生服装的流行现象。

（二）时装的流行预测

时装本质上是多变的，永远处在不断的运动之中。但这种变化形式往往是循环往复而形成一定的周期性，这些规律使服装流行的预测成为可能。

对服装市场的观察、分析与研究，以及对它未来演变的估计称为流行预测。把流行预测的成果通过传播媒介向大众公布，就是发布流行趋势。流行趋势预测可以引导消费、引导生产，可以繁荣设计，树立服装形象，增加附加价值。具体做法是充分研究时装流行的各种原因。一般而言，形成流行的机制包括社会、宗教、心理、政治、经济、战争、科技、区域环境、民族文化等因素；同时还要了解中外服装史、中外民族的审美情趣。而流行心理学、市场预测理论、服装消费意向、人口结构等则是进行服装流行预测不可或缺的基本因素。

就服装设计而言，它首先是一项预想工作。对未来社会的需求和未来产品的预想准确与否，直接影响到设计成果的大小。当然，服装设计师的超前意识和预见能力不是凭空而来的，他必须掌握科学的预测方法。根据对现实情况的深入研究，找出产品变化的内在规律，从现在推知未来。常用的预测方法有：

（1）综合分析国际、国内的服装潮流方向，科技的新发展。

（2）分析历年和当前服饰流行资料，即纵向的（即历史的）、横向的（即世界各地的）流行服饰资料，包括流行色卡和流行时装杂志分析、研究和归纳，

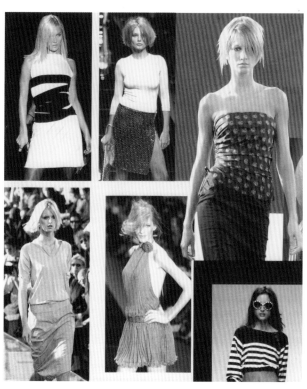

夏季流行时装在整体的设计中依然寻求细节的变化。

明星装束为时尚流行推波助澜。

掌握服装流行的规律。再根据当前国际流行趋势，特别是巴黎、米兰等时装中心发布的流行信息，从而推测出未来的发展情况。

（3）专家综合意见分析，指国内外服装研究预测机构或服装权威人士，根据流行现状和流行规律，对不久将会流行的服装所作的预想和推测；也有权威的服装设计师通过各种形式的服饰博览会、时装周、时装节等发布流行趋势。总之，只有对不断变化的影

亚历山大·麦昆设计的服装充满了野性和前卫风格。

响服装流行的各种因素加以综合性的考察，才能对服装的流行趋势做出准确的反应。

四、服装品牌与市场营销

（一）服装品牌

服装品牌指服装产业自主的品牌，包括服装的牌子、商号和商标，用以与竞争对手的产品或服务相区别。品牌资产至少包括品牌知名度、品牌认知度、品牌忠诚度、品牌联想及品牌权益五个要素。对服装工业而言，消费者、产品、营销、传播体系与企业形象共同形成品牌的基本构架。

品牌是竞争中设计力量的象征符号和精神表达，也是走向社会的设计角色的具体化呈现。包括一个服装行业、一个服装设计机构或一个服装设计师自身的品牌。凡观念先进、眼光敏锐的服装行业或专业设计机构和设计师，都会十分注重自有品牌的运作，并从中发掘潜在的价值。品牌作为竞争与消费文化的产物，一开始就要具备浓郁的文化色彩，从而设计的文化性也会更加突出，它是设计文化的直接折射。服装品牌就是体现设计文化的最具魅力的亮点之一，这就对设计师提出了更多的要求，如：设计师应具备创造性思维，要将世界前沿的时装发展成果以及传统的文化积淀作为资源，并予以整合；要认真思考设计本质，领悟设计的深层文化内涵，充分展示设计的原创性、包容性、前瞻性；要以设计角色演绎、丰富和拓展设计文化，以增强设计的竞争力和影响力，适应多元文化的持续发展，以此创造更高的附加值。

因此，设计品牌就是对设计价值、资源、角色的一种独特的诠释。

（二）服装品牌的营销策略

服装品牌的营销包括市场调研、竞争策略、品牌的市场细分化、服装品牌目标市场的营销策略与定位、品牌体验与服务设计等内容。因此，在设计之前必须要了解人们的喜好，不同人的品位、气质、修养各不相同，年龄、职业、形体、肤色也为设计提供了更多元素，只有了解目标人群，逐一分析他们的特点，找准服装品牌本身的市场定位，并配合服装进行设计，才能更符合目标人群的生活方式和生存状态，也更被人们需要。品牌营销的策略很多，世界上优秀的品牌都有自己创立的品牌理念和独特的营销方式。

例如，无印良品（MUJI），顾名思义，就是没有品牌标志的好产品。它代表的不是时尚，不是流行，而是一种去繁从简、素而不俗的生活理念、生活哲学，是禅宗美学的日常化与普及化。在产品设计上，无印良品还参考了禅宗美学，去繁从简，纯粹用商品质量本身来吸引顾客。不要商标，不要图案，不染色，还物品以本来面目，以接近天然的状态出售，很显然这是一种传统日本文化与对现代生活的理解相结合的产物，并形成了自己独特的品牌经营模式。

市场营销学与消费心理学是一名成功的设计师首先应具备的知识要点，并能根据企业的品牌定位规范自己的设计风格和路线。面对市场竞争中的一个个真实的品牌或某一个命题设计，设计师必须学会激活设计思维，把握策略定位，捕捉最佳创意。设计思维应将策略的设计（从受众需要什么、想听什么出发）与设计的策略（我们应该干什么、说什么和怎么说）两者融合。品牌的苦心经营和长期积累在于对品牌理念的坚守，英国学者迈克·阿里斯（Michael Aris）说："培养所需的消费者，最好的方式就是培养一种消费文化。"反过来说也同样意味深长。在这个过程中，设计师与消费者相互依存、相互培植、共同成长。设计水平越高，设计发展越快，在这个交互共生的过程中，产生的能量和影响就越大，就更有利于凸显出设计的先导性特征，而品牌的建构也必然依赖于消费大众。

基础理论——

服装设计教育的研究与未来

课程名称： 服装设计教育的研究与未来	

课程内容： 服装设计教育
服装历史研究
服装理论研究
服装设计师的位置与素养

课程时间： 4课时

教学目的： 了解服装设计教育的现状、服装设计的历史研究内容和方法，熟悉作为一名服装设计师应该具备的基本素养。

教学要求： 从服装教育的角度出发，分析服装设计的技术性、艺术性和商业性三方面的特点，结合服装设计师应具备的素养展开讨论。

第九章　服装设计教育的研究与未来

一、服装设计教育

设计教育是一个巨大的系统工程，它不仅是一个学习和实践的训练问题，而且是一个设计观念的建立和创造能力的培养问题。随着现代科学技术的发展，设计教育一方面要适应发展的情况迅速调整变革以适应当代的变化，培养当代急需的人才；另一方面则要为发展着的未来做好培养人才的准备。所以，当代设计教育涉及面更广、要求更高，各方面都要求有一个新的突破。服装的设计教育同样如此。

（一）国外服装设计教育的启示

在西方，发达国家的服装教育已经有一二百年

伊夫·圣·洛朗把印象派画家凡·高的"向日葵"融合到时装上。

法国高级时装工会"学校"的学生在上工艺课。

韩国服装设计师设计的时装。

从动物的纹理色彩中获得设计灵感。

意大利米兰服装学院的学生用计算机设计服装效果图。

的历史，有一套成熟的办学经验，因此成为服装设计师的摇篮。日本的服装设计也令人瞩目，大学、学院、专科，还有各种短期的训练班非常普及。这些院校办教育有一个共同点，就是强调创造精神和突出个性发展。

日本文化服装学院是一所有 80 年办学历史的国际化服装院校，先后培养出山本耀司、高田贤三、松田光弘、小筱顺子等许多国际上知名的服装设计大师。该学院研制推出的"文化式服装原型"成为世界许多国家服装院校技术与技能教学的参照体系，尤其对我国服装教育的发展起到了积极的作用。他们根据行业背景设置专业，结合人才需求确定培养目标，强调知识的针对性和应用性，认为服装行业的职业分工将越来越细化，无论多么优秀的人才都不可能独自承担设计、生产、管理及营销任务，通力协作是今后服装企业必然的发展趋势。因此他们分别设置了侧重于理论研究的"服装社会学科"和侧重于实践技能的"服装造型学科"。在服装社会学科下面分为"服装历史学"和"服装社会学"两个专业；在服装造型学科下面分为"服装造型""服装设计""服装科学"三个专业。

在日本文化服装学院的专业设置中，有的定位于培养设计管理方面的复合型人才，有的定位于培养科学技术方面的研究型人才，也有的定位于培养应

用环节的专用人才。这与国内当下盛行的"大设计"教育观相比，他们的做法更具有实质性的意义。这是因为市场经济下的服装企业是多元化的，企业的人才需求是多元化的，服装院校对于学生的培养目标也应当是多元化的。

（二）国内服装设计教育的现状

我国的服装行业起步较晚，建立具有真正现代意义的服装业是 20 世纪 90 年代才开始正式起步的，与此相应的服装设计教育分属在轻工、纺织、艺术、商业、外贸等各大领域内，除专门的服装设计学院外，综合性大学、美术学院、纺织大学，还有夜大、函大、职工大学等的服装设计系也如雨后春笋般纷纷建立。从办学层次上分，有研究生教育、四年制本科教育和 2～3 年的专科教育；从办学形式上分，有普通教育、成人教育和短期培训，形成了一套完整的服装教学体制和专业课程体系。目前的专业设置有以下几个方面：服装设计专业、服装工程专业、服装生产管理专业及时装模特表演专业等。但不同领域的办学，所开设专业的方向也有所侧重。工科类院校，除有服装设计专业外，还开设服装工程专业；商业、外贸类院校往往开设服装生产管理专业、服装营销专业；而艺术院校更多的是开设服装设计专业。我国经过十

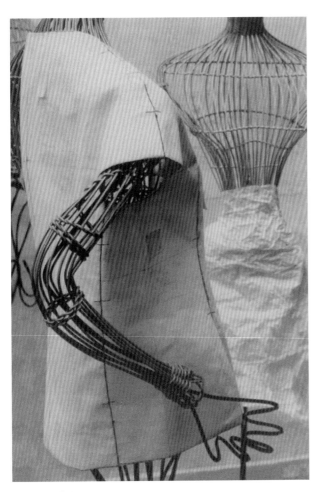

人台上的半成品。

余年的摸索、总结，参照国外服装设计教育经验并结合我国国情发展起来的现代服装设计教育，彻底摒弃了陈旧的以师带徒的教育模式，已成为一门崭新的、充满希望的学科。

创造能力的培养是服装设计教育的核心问题。服装的创意性设计要求要有超前突破性的构思、巧妙独特的表现形式、崭新的原材料和技巧的组合，必须对潮流有敏锐的感觉，而且有能力将这些感觉透过衣料和款式完美地表现出来，体现时代的理念和创意的韵味，并包括学习、分析、研究、设计和决策的过程。这种创造能力的形成和培养，实际上是一种全面的综合素质培养，它不仅需要设计教育基础训练、设计观念、设计能力的培养，也需要动手制作等实际操作能力的培养等。其中基础知识和技法训练是手段，最重要的是提高学生整个知识结构的层次和实践能力，这对于培养创造力是至关重要的。作为现代设计教育的先驱，包豪斯（Bauhaus）在教学实践中总结出

"技术知识可以传授，而创造能力只能启发"的事实，证明了只有具备较为广博的学识才能在设计创造的世界中自由翱翔。

今天，我们正处于一个转折的时代和建设的时代，科学技术的迅速发展，使艺术设计和艺术设计教育的变革大大加快。计算机和互联网信息技术的应用已强烈地影响着设计和生产服装产品的方式，尤其是经济的持续发展，人民生活水平的日益提高，加入WTO后所面临的国际品牌和跨国公司的激烈竞争，都对服装设计和服装设计教育提出了更新更高的要求。设计教育同样必须转变教育观念，以适应时代的发展。为此，现代西方的一些设计学校已经开设了符号学、新美学原理和服装设计管理这类课题和课程，几乎是从哲学的高度来从事设计教育。21世纪已经到来，面对艺术设计的现状，适应现代社会需求的设计教育，一方面逐渐从美术型、理工型的教育模式中独立出来，完善自身体系的建构；另一方面，设计本身所包容的诸多因素，也使得它的教育体系呈现出多学科相互作用的面貌，并且各国、各地区不同的发展状况和设计文化传统也为它注入了丰富多样的形式内容。

未来服装设计教育的目标，应是创造多样性、综合性以及社会环境价值相互和谐的人类生活价值。为达到这一目标，首先需要把设计教育方向转变为以实验、研究、开发为中心，促进教育水平的不断提高，使研究、知识、创新、经营相互连接起来，通过设计教育，培养有思想文化境界、富有创造能力、懂得社会和市场经济的高素质设计人才。面对服装市场的激烈竞争，怎样去主持一个品牌的设计，要靠设计师较强的综合能力和对服装敏锐的观察力，这不仅需要技艺上的创意，还需要用理性的思维去分析市场，找准定位，有计划地操作、有目的地推广品牌。所以，如何做出你的品牌风格，使目标消费者穿得时尚；如何吸引你的顾客，扩大市场占有率，提高品牌的品位，增加设计含量，获得更大附加值，创造品牌效应，是服装设计师应具备的基本素质与技能。

二、服装历史研究

服装发展史，作为一门历史性的具体考察服装

发展状况与变迁规律的历史学科，是服装科学体系中不可缺少的一个分支。因为服装的变迁过程是连续的，不间断的，每一种服装都处于人类服装文化史的变迁途中，具有承前启后的特点。设计师不仅要学习中国服装史，而且还要学习西方服装史，包括研究世界各地现存的民族服装。

（一）服装史的研究任务

历史学的研究方法，使我们可以克服时间的障碍，通过追溯文化和社会的渊源，描述特定历史时期的服装风貌以及不同时期的服装演化轨迹，分析其形成的原因、演进动力及影响因素，解释当前的服装文化现象。当代的服装风格是在继承传统风格基础上的创新，而未来服装的发展，同样取决于今天人们服装样式的创造。显然，通过对中外服装史的研究，历史地看待服装在相当长时间反复出现的周期性律动，可以使我们有机会更好地分析和预测社会变革对服装的影响。

服装史是人类生活史中的一个重要组成部分，同时又是深深植根于特定的时代文化模式中的社会活动的一种表现形式。因此，一部服装的发展历史，不仅仅是一部衣物史、服装样式史或材料史，更是反映人类衣生活的历史。服装历史的研究任务主要涉及以下几个方面。

（1）揭示各个历史发展时期特定地域的经济、政治、思想、伦理、宗教以及审美趣味、审美理想等各种社会因素对服装发展、演变的作用和影响。

（2）认识不同历史时期、每个地区不同服装式样的发展特点、服装变迁的原因与发展规律，揭示其发展过程中继承与革新的关系，增强对服装发展趋势的分析和预测能力。

（3）通过对服装现象的具体分析，评价它们在服装发展史上的地位、作用和意义。

（4）通过对服装发展的跨文化进行比较研究，分析中西方文化的差异，探寻人类服装发展的共性模式。

（二）服装史的分类研究

服装史的研究可以从服装设计、服装工艺、服装美学、服装社会心理学和服装经济等方面研究不同时期服装的风貌、服装的演变轨迹、社会群体的服装行为和服装文化现象，分析其变化的原因。如服装材料史、服装工艺史、服装艺术设计史、服装文化史及服装经济史等，包括细分为纺织印染史，服饰图案史、少数民族服饰史等的多方位研究。

三、服装理论研究

服装设计属于工业设计的范畴，而工业设计观念的形成，则是在17世纪欧洲工业革命到18世纪后期英国工业革命这一历史时期。这是工业时代一门新兴的边缘学科，是科学技术和文化艺术发展的产物。

以工业设计观念解释服装设计，包括功能设计、色彩设计、外形与款式设计、穿着法设计以及由此派生出的结构设计、工艺设计、材料设计与装饰设计等。服装设计作为一门应用型学科，其理论研究应包括应用理论与基础理论研究，尤其要注意以下几方面：

（一）科学技术性

科学技术的发展使服装结构工艺日趋成熟。科学观念使欧洲女装早在13世纪末、14世纪初就实现了直线结构向曲线结构的转变，并诞生了领子和袖子的脱离衣身的独立形式；文艺复兴之后，服装结构设计进入数学推理的规范化阶段；1589年，西班牙出版了世界上第一本记载服装结构制图公式与排料图的著作；1798年，法国数学家加斯帕·蒙日（Gaspard Monge）出版了《画法几何学》一书，为平面制图提供了数学依据，确立了标准体和基础纸样的概念；与此同时，英国人发明了带形软尺，为人体测量提供了极为便利的工具；19世纪，比例制图法得以发展和推广，并在理论上得到验证和阐明。可见，正是科学技术的发展，推动了服装结构设计的发展，使服装的物化具有可行性，为款式风格的变化出新奠定了强有力的技术后盾。

同样，科学技术的发展大力推动了服装面料的拓展。1904年，纺织材料领域诞生了第一个人造纤维——黏胶纤维；1935年，美国杜邦（Du Pont）公司经十年的艰苦努力发明了尼龙（即锦纶）；1940年，德国开发了腈纶；1941年，英国发明了涤纶……这些面料有的轻盈、柔软，有的流畅、悬垂，给人们的着装带来了翻天覆地的变化。设计师们也越来越趋向于从面料入手，因为面料可以决定裁剪、缝制和造型的审美效应，甚至从20世纪80年代起，"时尚"设计形成了一种自觉的"面料运用意识"，似乎谁掌握了面料，谁就赢得了时尚。20世纪90年代，莱卡面料的广泛应用，更是为服装带来无以复加的合体美；20世纪末，面料趋向于开发新的天然素材，如甲壳素纤维，天然彩色丝、彩色棉等。面料的丰富多彩，为服装风格的不断演绎、审美意识的更替提供了有力的物质保证。

服装科学主要体现为服装与人体的关系，它集中体现了服装的舒适性、功能性和流行性等，舒适性指轻松适体、保暖、透气、散热等；功能性指卫生保健、防火防水、防污抗菌、防紫外线、阻燃等作用。服装设计的目的是为人服务，需要运用科学技术的成果和手段，用艺术的方式创造更美好的产品。因此，在科学的意义上，对人的研究形成了与设计相关的一些学科，如人体计量学、解剖学、人体工学、行为科学、服装纺织材料学、卫生学、力学结构、计算机辅助设计等诸多领域。这些学科为服装设计提供了科学的依据，使服装设计学建立在科学的基础之上。

（二）文化艺术性

服装既是作为日常生活最为涉及个人的组成部分之一，同时又是深深植根于特定时代文化模式中的社会活动的一种表现形式。因此，服装文化与艺术的研究必须探讨人类着装的文化心理，即服装外观在个人、群体、社会和文化层面上的角色与意义，研究不同群体和个体如何使其服装更具文化价值。例如，研究人类服装的历史与沿革；研究各个时代的文化艺术对人类服装的影响，了解其发展变迁的过程与动因，揭示其所蕴含的文化意义；从人类文化现象进行研究，即研究人类的生存方式和生活方式。服装积淀了人类知识、经验、信仰、价值观、物质财富、社会角色、社会阶层结构等一切文化层面的因素。这些层面或因素便构成了人类的生存环境或生活状态。研究

服装文化，实际上就是研究人类的文明史和文化史。从美学的角度对服装进行研究，在于形式美规律的运用以及揭示各个时代服装审美的时尚特征、各民族的审美差异和符号特征等文化因素。其研究必然会涉及服装社会学、服装民俗学、服装心理学、服装艺术学、服饰符号学、服装生态学等学科的研究内容。

（三）商业流通性

将服装的生产、销售、信息等称为服装商业。对产品存在方式和流通方式的设计与研究，包括广告、包装、展示、陈列等信息传达内容成为设计不可分割的一个重要方面。在一定意义上，人对服装的选择，实际上是对使用方式乃至生活方式的选择。欧洲流行的"商品的选定就是生活方式的选定"的口号，所提示的就是物对人的一种反作用力，因而，所谓设计也就是合理方式的设计。它体现在商业行为中，需要运用社会科学手段来测定人们对服装的喜爱程度、关心程度、印象、情感等服装心理学的相关要素，可以获得对服装本质特点的认识。

服装基础理论的研究，主要指对服装基本原理、范畴和批评标准等问题的研究，其中包括服装批评、服装历史和服装理论在内。这三方面研究的内容，是相互包容和相互联系的，如在服装基础理论的研究中，必然涉及服装历史的一些问题，也必然涉及具体服装作品的评价问题，而在服装批评和服装史的研究中同样涉及服装的许多理论问题。随着对服装理论研究的深化，研究者们运用现代社会科学的研究方法，从哲学、社会学、行为学、心理学与流行理论、文化学、传播学、民俗学、市场营销学等不同的角度对服装的外部系统进行研究，已取得了丰硕的成果。另一方面，服装学科作为一个自我运行的系统，有着自身的系统结构和内在机制，如研究服装的构成元素，即款式、图案、色彩、材料、工艺、服装与性别角色等。因此，在理论分析的形态上，它就表现出了外部和内部两种不同的特性，从而可以采用相应的外部系统研究和内部系统研究两种方式。建立服装的理论体系大致可分为三个部分：经济理论、文化理论和设计理论。

四、服装设计师的位置与素养

服装设计师既是一种职业，也代表了服装设计、生产过程中设计的质量和水平。在手工业时代，服装的设计和生产，甚至交换和使用往往由一个人来完成，显示出非专业的特征，服装的产业化促进了专业化分工，服装设计师也作为独立的职业适应现代工业发展而得以确立，并成为一个事关生产成败的关键职业。因此，服装设计师应该是受过训练，具有技术知识、经验和观赏能力的人，他能决定工业生产过程中产品的材料、款型、结构、色彩和图案等。设计师可能还要解决服装的品牌包装、广告、展销等问题的相关设计。

服装设计从广义上来说应该包括款型设计、结构设计和工艺设计三个部分。款型设计实现服装的外观美，结构设计实现款型构成的合理性，而工艺设计最终体现结构关系的可行性。三者缺一不可，是服装整体设计的不同侧面相互渗透、相互制约。

当然，能否成为一名真正的服装设计师，并不在于他是从事成衣设计还是做秀设计，而在于他所从事的工作是否具有设计的意义和作用，能否采用现代设计的程序和方法乃至设计观念从事设计。

随着科学技术的发展，服装 CAD 的应用，服装设计师的重要性也越来越明显。同样随着人们生活水平和审美要求的发展，对服装质量包括艺术质量的要求也越来越高，这都赋予设计师更大的责任。发展和创造未来的使命把设计师推上了一个伟大而艰巨的岗位。世界上许多名牌服装是以设计师为主导而建立的，设计师所具备的设计理念、市场营销观念、品牌意识是企业任何人都无法替代的。因此，设计师是新产品开发、生产发展和市场决策并直接为公司创造产品价值的关键人物。一名服装设计师需要拥有比其他专业更为深厚的修养，包括具有优秀的人格和善于与人合作的思想品质，除技术和艺术造型之外，应立足时代的前沿，加强对时代变迁的敏感性和预见性，即对未来社会、人类生活、设计经营所必需的认识论、现象学、人类学等人文科学的了解。设计的边缘学科性质还决定了设计师应该把握现代设计的基本理论和相关学科的基本知识，如美学、社会学、经济学、传播学、市场学、设计史、设计方法、设计程序等。

此外更重要的是服装设计师肩负着推进人类文化的重任，因此，设计师应该拥有对人类文化发展的责任感和献身设计事业的敬业精神，努力建构自己的全面素养，不断提高自己的设计能力和超前的创新能力，随时明察国际服装流行的新动向，不断设计出受消费者欢迎的好产品。同时服装设计师还必须了解与服装行业相关的法规，如专利法、商标法、广告法、环境保护法及标准化规定等内容。

基础理论——
世界著名
服装设计师

课程名称： 世界著名服装设计师

课程内容： 查尔斯·弗雷德里克·沃斯（Charles Frederick Worth）

加布里埃·夏奈尔（Gabrielle Chanel）

克里斯汀·迪奥（Christian Dior）

克里斯特巴尔·巴伦夏加（Cristobal Balenciaga）

皮尔·卡丹（Pierre Cardin）

瓦伦蒂诺·格拉瓦尼（Valentino Garavani）

伊夫·圣·洛朗（Yves Saint Laurent）

三宅一生（Issey Miyake）

让一保罗·戈尔捷（Jean Paul Gaultier）

克里斯汀·拉克鲁瓦（Christian Lacroix）

维维安·韦斯特伍德（Vivienne Westwood）

约翰·加利亚诺（John Galliano）

詹弗兰科·费雷（Gianfranco Ferre）

课程时间： 4课时

教学目的： 了解现代服装设计大师的经典风格，以便对服装设计有更深层次的认识和领悟，为后续的专业设计课程提供有益的参照。

教学要求： 针对世界著名服装设计大师不同时期的作品，分析其设计思想、发展历程、创作风格以及在历史上产生的重要影响。

第十章　世界著名服装设计师

20世纪以来，服装所表现出的最显著的特征就是服装成为流行生活的重要组成部分，成为人们日常生活时尚中最有代表性和最重要的部分。法国服装工业协调委员会主席阿兰·沙尔法蒂（Alan Shull Faty）有句名言："法国服装之所以具有世界性，不是因为它体现了法兰西文化，而是因为它凝聚了世界文化，我们的传统是自由。"正因为如此，法国的巴黎成为今天令世界瞩目的时装中心，这里先后成就了一大批著名的时装设计大师。他们的时装创作之路和成功之路，不仅显示出高超的文化艺术鉴赏力和稳定而不断发展的技术风格，而且代表着独一无二的创新精神。他们设计的时装是20世纪服装艺术的顶峰，标志着服装技艺的最高水准，值得我们认真地研究。只有深入学习20世纪服装的发展历史，才能理解那个时代大师们的设计风格和艺术表现，从而借鉴到自己的服装设计当中。

被称为"现代时装之父"的英国设计师沃斯。

一、查尔斯·弗雷德里克·沃斯
（Charles Frederick Worth）

有人说法国宫廷贵族是时装的先驱，而使巴黎登上"高级时装"领袖地位的却是一位英国时装设计师——查尔斯·弗雷德里克·沃斯（1825～1895年），他开创了服装史上光辉的"沃斯年代"，对现代时装做出了杰出贡献。沃斯出生在英国林肯郡的律师家庭。12岁时便在当地的棉布商店做学徒，后来到了伦敦，在一家小棉布店谋生。20岁时迁居巴黎，在迈森·盖林（Meissen Franklin）时装店工作，出售纺织品、披肩、斗篷等服饰商品，并自学女装设计。

沃斯设计的高级定制白色礼服。

很快，他的服装在巴黎产生广泛影响，受到当时法国女装的倡导者——法国王后尤金妮（Eugenie）的赞扬，请他担任宫廷女装的设计师和裁缝师。沃斯成为19世纪末巴黎女装乃至世界女装杰出的设计师，并获得"近代巴黎女装之父""巴黎时装大王"的美称。

1858年，30岁的沃斯在巴黎独资开设了"高级时装屋"，以设计和手工制作新颖、优雅的女装而享誉世界，成为法国高级时装业的始祖。沃斯对时装的贡献，主要是在女装的设计上冲破了传统的紧身胸衣和笨拙、累赘的"母鸡笼"式的女裙，改进为用衬架支撑的女裙。他集中了许多技艺娴熟而有丰富经验的裁缝师专门从事女装制作，采用雪纺绸、锦缎、罗缎、绉绸、蚕丝绸作为女装的面料，他对服饰的细节，如缎带、花边、腰带、穗带、纽扣等也是精心设计，迎合了宫廷贵妇们对华丽风格的渴望。沃斯还开创了以时装模特做表演来展示时装的先河，沃斯的法国妻子玛丽亚（Maria）穿着沃斯设计的时装在街头亲自表演，成为世界服装史上第一位时装模特，并在英国聘请了许多年轻美貌的女郎，穿着他设计的女装，在商店里展示给顾客观看、欣赏。在他的努力下，1868年成立了"巴黎时装企业联合会"，开创了"大篷车式的沙龙"，即流动女装商店，把流行带给了黎民百姓。沃斯不愧是服装史上第一个专业的女装设计家，也不愧是一个民间的女装企业家。

二、加布里埃·夏奈尔
（Gabrielle Chanel）

夏奈尔（1883～1971年）出生在法国农村。早在第一次世界大战期间，她在杜维尔（Deauville）开设了一家女装商店，她借鉴海员的上衣和男子的羊毛编织套衫创作出新式女装的风格，终于取得了成功，1920年便登上时装设计家的领袖地位。她设计的简洁的对襟毛线上衣流传极广。1935年她自己开

夏奈尔。

夏奈尔套装。

卡尔·拉格菲尔德延续了夏奈尔套装的设计风格。

设了一家工厂生产。她所设计的女装与其说是时髦，不如说是更多地适应于生活。她喜欢沉着的色彩，主要是灰色和米色，当然有时也用对比强烈的色彩。她喜欢简约的样式，摒弃了第一次世界大战前那种复杂繁琐的华美长裙和缀满假珠宝的外罩长袍，而选用高级时装设计家不屑一顾的平纹针织衣料，设计出一套定名为"夏奈尔套装"风格的时装。这款套装是由无领外套、上衫和短裙组成的，主题思想表现了一个"穷女郎"，实际上却是优雅的风格。她在当时敢于冲破传统，解除长裙对女性的束缚，塑造出现代职业女性的新形象，这一创举对现代女装的形成起着不可估量的历史作用。夏奈尔说："我设计的女装，要使妇女们愉快地生活、呼吸，自由、舒适，看起来年轻。"她指出了近代女装的设计方向——实用、简练、朴素、活泼而年轻。此外对材料的综合运用，她提出应根据不同使用功能来选用不同的材料。面料上更加考虑肌理的变化。针织材料成为她重视的面料，随意合体。其服装艺术的鉴赏趣味和美学思想，得到了公众的赞扬和时代的承认。她倡导了百褶裙、三角形围巾，又创造了结实的小玻璃珠项链和人造珍珠项链。在夏奈尔风格的影响下，服装日渐紧凑短小，一些服饰品如手套、鞋袜也显得重要起来。"夏奈尔套装"作为一项革新的设计，至今流行不衰，成为传统的古典式样。

三、克里斯汀·迪奥（Christian Dior）

被誉为20世纪最伟大的女装设计师之一的迪奥（1905～1957年），出生于法国诺曼底（Normandie）。33岁时才涉足时装设计，与夏奈尔相比，可以说是大器晚成的设计师。1946年底，他在棉花大王马赛尔·布萨克（Marcel Boussac）的帮助下，开创了第一家"迪奥时装店"。1947年崭露头角，推出了被称为"新风貌"（New Look）的时装款式，轰动欧美，标志着服装纯粹性这一设计思想的全面形成。它主要表现在三个方面：一是服装首先是为了能更好地生活而设计的，它的美必须建立在实用的基础之上；二是服装通过人的穿着才形成它的形态，

迪奥的"新风貌"。　　迪奥时装（1955年）。

夏奈尔时装风格简洁、高雅。

迪奥的"新风貌"创造出一种充满女性味的新概念。

迪奥的设计以紧束的腰围线与裙摆，凸显女性的曲线之美（1954年）。

服装是以人体为基准的立体物，是以人体为基准的空间造型；三是服装随人体活动而活动，是具有时间变化的时间造型。这些特点在迪奥服装设计中都得到充分表现，特别是"新风貌"女装上那种建立在人体结构上的空间美感，是任何其他流派所无法达到的。它对后来的服装设计大师皮尔·卡丹创造的"宇宙服"，以及玛丽·奎恩特（Mary Quant）女士设计的风靡世界的超短裙都产生了很大影响。由于"新风貌"的巨大成功，使迪奥在第二次世界大战后10年的服装设计生涯中，一直发挥着领导世界时装潮流的作用。

四、克里斯特巴尔·巴伦夏加（Cristobal Balenciaga）

巴伦夏加（1895～1972年），出生于西班牙盖塔利亚（Guetaria）。1937～1968年间以他在巴黎时装店的成就而闻名于世。他于1947年推出的南瓜袖、1955年推出的茧形大衣和气球式裙子、1957年推出的直筒衬裙式服装……这确立了他成为一流设计大师的地位。巴伦夏加像其他西班牙艺术家一样，具有非凡的艺术天赋，当时的《妇女时装日报》这样评价他："在一定时期巴伦夏加统治着时装界，就像毕加索统治着艺术界一样。"

他非常注重人体与衣服之间能否保证穿着的舒适，使这种合理的空间无论在行走或穿脱中都要方便，他最大的成功就是在服装与人之间、现实与抽象之间给人以和谐的舒适感。

巴伦夏加以全部的身心来研究他为之探索的"简

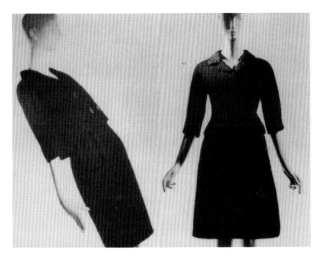

巴伦夏加的设计，黑灰相间波浪形凹凸面花纹真丝套装。

单明了"的实质。他设计的外套是极负盛名的，他运用简洁的剪裁，具有诱人的面料质感和朴素的色调，代表了一种纯粹和果断的时装大师品格。在时装的历史中，没有一个设计师像巴伦夏加那样，创立了如此之多的"服装标志"，把"女性之肩""袖裆技术""和式翻领""镂空的金属扣"等都融入了他的"巴伦格式"的经典设计中，使我们从他的技术中获得无尽的艺术享受。在他一生传奇的职业中始终保持着时装界最高的裁缝技术，被誉为"裁缝中的裁缝"。严谨而淳朴的作风是巴伦夏加一贯的职业态度，与他偏爱那些能保型的面料有直接关系，如晚装用的丝织品、外套用的羊毛混纺织物以及日常装用的灯芯绒等，并通过这些织物的特点来强调所设计的外形。巴伦夏加设计的种类十分广泛，包括套装、外套、斗篷、衬衫、短上衣、礼服等。在众多著名的设计师中，注意肩、研究肩的只有巴伦夏加。在他看来，服装艺术可以无"身"，但不可以无"肩"。他设计的披肩常常带有浓郁的西班牙风格，使民族的世俗文化得到升华。他的作品归纳着古典和时尚，吸收了东方含蓄内在的艺术品质。日本的和服对巴伦夏加影响很大，这是因为和服的精华突出地表现了结构上的简洁主义。当巴伦夏加于1968年关闭他的时装店后，他东方式的品位始终影响着时装界。

五、皮尔·卡丹（Pierre Cardin）

1922年，皮尔·卡丹生于意大利的威尼斯的郊外，幼时随父母到法国。他14岁开始学习缝纫。1939年，皮尔·卡丹来到巴黎发展，先后在帕坎（Paquin）、夏帕瑞丽（Schiaparelli）等服装店工作。1946年，他应聘到迪奥服装公司就职，在此期间设计出许多很有影响的新款时装。1949年，皮尔·卡丹建立了自己的服装店，主要设计戏剧装、面具和各种女装，受到许多上层社会女士的欢迎。20世纪60年代后，他的事业蒸蒸日上，并将业务

设计师皮尔·卡丹。

皮尔·卡丹的橙色亚麻裙与红色羊毛裙(1968年，1970 年）。

皮尔·卡丹在中国北京举办的"2007 春夏时装发布会"。

他可以不使用剪刀，而采用各种方法把整块的衣料构成服装，被誉为"衣料的魔术师"。他最有特色的设计细节在于打褶、几何图形的剪裁和缝嵌、缝花边及花瓣式的衣领。他采用的饰品新奇独特，如金属做的戒指、特大号的纽扣、纯手工制作的花等。在他看来，先锋派不是放弃技术，而是创造技术。

皮尔·卡丹不仅在服饰方面做出了杰出贡献，在其他领域的设计包括交通工具、通讯器材、环境设计、食品饮料等方面同样取得了非凡的业绩。据目前统计显示，皮尔·卡丹在 93 个国家共申请了 506 项专利。

六、瓦伦蒂诺·格拉瓦尼 (Valentino Garavani)

瓦伦蒂诺是意大利时装设计三杰之一，1932 年出生于意大利北部的佛杰拉城，中学毕业后到米兰学习服装设计。17 岁时，他来到巴黎发展，在巴黎高级时装雇工联合会的学校学习，两年后他成为时装设计大师让·德塞（Jean Dessès）的助手。从 1956年起，瓦伦蒂诺同著名时装设计大师盖依·拉罗舍（Guy Laroche）合作，逐步形成了自己的设计风格。1959 年回到意大利，在罗马开设了自己的时装店，专为世界各地的名人服务，从此声名鹊起。1969 年，他荣获时装界的"奥斯卡金像奖"——耐曼·马尔克斯奖，并很快成立了自己的公司，经营范围扩大到高级女装、男装、便装、童装、浴衣、泳装、头巾、领带、首饰、化妆品等。"瓦伦蒂诺服装"遍布世界各大都市，成为世界著名的时装品牌。

拓展到世界各地，获得了商业和艺术的双重成功，其中前卫派的代表作品有"超时代宇航服""小妖精服""军装型"等。他曾三次荣获"金顶针奖"。

皮尔·卡丹品牌的崛起在于将为贵族服务的服装转移到为普通消费者设计流行服装上。他的设计比较前卫，风格多变，大胆的构思和敏锐的思想使他的作品能够把握人们的心态、领导时尚潮流，特别是他的男装成衣无论是对其他的男装设计师还是对成衣业本身都产生了重要影响。他认为材料的改进和创造性的把握，才是时装设计的关键。因此，他的作品善于利用面料特性来渲染款式和色彩，其前卫派风格也与此有关。皮尔·卡丹有着非常娴熟的裁剪缝纫技术，

设计师瓦伦蒂诺。

瓦伦蒂诺被公认为时装史上重要的设计师和革新者之一

瓦伦蒂诺具有高雅的审美观和精益求精的严谨作风。他的作品既有法国时装的创意与浪漫气息，又有意大利时装简洁务实的特色；既有20世纪30年代初产生的典型意大利时装风格，又有现代感强烈的剪裁与细节处理，新与旧完美地融合在一起。随着近几年东方文化的兴起，他的作品中也注入了浓郁的东方气息，着重突出女性优雅、高贵的气质，因而备受青睐。

瓦伦蒂诺的设计。　　　　瓦伦蒂诺时装（2000年）。

瓦伦蒂诺在缤纷的时尚界引导着贵族生活的优雅，演绎着豪华、经典的设计风格。

媒体评价他的服装"前所未有地女性化，充满人性和细致"。如今，瓦伦蒂诺作为意大利时装设计师已雄居世界八大时装设计师之首。

七、伊夫·圣·洛朗
（Yves Saint Laurent）

伊夫·圣·洛朗（1936～2008年），生于阿尔及利亚，17岁时赴巴黎学习服装设计。1958年以他的第一个时装集而轰动遐迩，从1959年开始从事舞台戏剧服装的设计，后又开始参加电影服装的设计。他曾任迪奥公司首席设计师，在迪奥去世后接任巴黎迪奥时装公司的经理职务。1962年他在巴黎开设了自己的时装公司。此后他的设计传遍全球。

伊夫·圣·洛朗是今天世界时装界声名显赫的人物，他的品牌已成为经典设计的象征。他设计的服装以超脱世俗的独特构思而著称于世。他擅长设计衫裤相连的衣服、女裤、女上衣和衬衫，这些是他作品中永恒的主题。1966年他打破了旧的设计陈规，把波普艺术运用到时装上，创造性地设计了"解放式"的青年装。圣·洛朗认为衣服穿上就应该轻松舒服，尽管人们误以为他的作品外观简单，但在改变款式上既有每一个结构上的创新，又有剪裁上的革新。他设计的范围很广，20世纪60年代末他成功地设计了电影服装、戏剧服装以及各种成衣款式。他的作品具有动人的时代感，常常从野兽派的马蒂斯（Matisse）、立体派的毕加索（Picasso）、抽象派的蒙德里安（Mondrian）等绘画语言中吸取精华而巧妙得体地在服装中挥洒自如。他充满活力的含蓄的手法，执着地在简洁与华丽、具象与抽象之中追求着。有的作品一般而非凡，跳出了人们想象的常规，造型极其夸张，个性被表现得淋漓尽致；有的作品常理之中寓于戏剧，有着强烈的舞台效果。圣·洛朗对色彩的运用巧妙高明，他用明亮的色彩与黑色相互辉映，其创造出的斑斓的玻璃风格驰名世界。当"中国热"席卷欧美时，圣·洛朗的"中国"主题系列于1977年问世，这一组受中国满清服饰及建筑特点启示而创作的系列服装，线条稚拙、色彩浓郁，对大部分欧洲人来说，朦胧而神秘的东方大国的形象被再现在

设计师伊夫·圣·洛朗。

伊夫·圣·洛朗回顾展时装秀
（2002年）。

伊夫·圣·洛朗设计的套装，
衣身采用黑色真丝缎，翻领
采用白色缎（1986年）。

协会所属的服装设计学校毕业后，他先后担任著名服装设计师盖伊·拉罗舍（Guy Laroche）和纪梵希（Girenchy）的助理设计师，学到了许多高级时装设计、工艺制作的复杂多变的技巧，了解和掌握了巴黎时装的秘诀。1969年他来到美国，研究成衣服装的设计。第二年回日本，在东京开办了"三宅时装设计所"。1971年在美国纽约首次举办个人时装发布会，获得巨大成功。1973年他在巴黎举办了高级成衣发布会。1977年三宅获"1976年全日设计奖"，1983年获美国时装设计协会奖。

三宅一生虽然在巴黎学习过，并在学习期间深谙西式服装造型之奥妙，但却未被其"同化"，他还是试图以本民族的着装方式和技术来打破这种传统，探寻服装的最大表现力。如改变服装对形体的束缚，否定原来的服装趋向，赋予服装以自由的形式，创造具有东方精神的时代新风格。他受日本美学三种关键因素的影响——不规则性、不完美性和非对称性。三宅一生被人誉为是一位"打破了将高档时装看成时装旗手的成见，同时也打破了那种认为服装改变人的看法"的设计师。在制作西式服装时，布料是根据身体线条裁剪和缝纫的。服装的外形取决于身体，而这样产生的服装则成了身体的外壳。这样一来，两者之间的空间不复存在。就日本服装而言，尽量简化裁剪是一种主导技术，作为一种常量，布料的固定宽度十分重要。因此，三宅一生强调身体与布料之间关系的方式是将衣料一层层杂乱无章地堆在身体上："这是对巴黎高档时装井井有条的结构的一种象征性的反抗。"他说："我的服装是未完成的，当人穿着之后设计才真正完成。"这意味着他的设计不是僵死的，而是灵活多变的，是生命运动形式的本身。三宅一生对面料别具匠心的发掘和运用，注重对材料与科技、艺术思维与科学观念之间的有序结合和创造性的探索，并以此启迪人们对服饰美的无限境界的追求，这也正是他的设计表达获得成功的重要因素。他认为任何一种面料都具有其各自的特性，要适合、尊重面料的特性，使面料与人物达成一种和谐关系——认识织物、与织物对话，同时，充分发掘已有面料的最大表现可能。他创造的金属丝、塑料片结构以及日本的漆器和竹编风格都是从日本的武士盔甲中获得灵感的。他还曾将稻草编织物、日本的绞缬染、

巴黎的时装舞台上，表现出引人入胜的魅力。他设计的服装有着艺术品式的完美，具有很强的整体感，巧妙地组合各种装饰物，腰带、项链、帽子、拎包、手镯等都成为服饰的不可缺少的组成部分。除设计时装外，他还自配自制香水、化妆品和美容用品。由于他的非凡业绩，被誉为当今时装界"五星级"设计大师。1985年法国总统授予圣·洛朗荣誉军团骑士级勋章。

八、三宅一生（Issey Miyake）

1938年，三宅一生出生于日本广岛。20世纪60年代初，三宅从日本的多摩美术大学（Tama Art University）设计系毕业后，抱着从事服装事业的志愿赴欧美学习深造。1965年在巴黎高级时装设计师

三宅一生对布料别具匠心的发掘和运用，体现出对服饰美的创造性追求。

三宅一生利用面料肌理创造层次，用线条雕塑空间，借以表达创意。

三宅一生设计的布料总是出人意料，有着神奇的效果。

起皱织物、纸和非织造布等用于时装，这些在传统的巴黎高级女装界是从未有过的。三宅一生特别注重面料与面料之间的肌理对比，利用肌理创造层次，区别不同效果，以达到表达情感之目的。他擅长用线条雕塑空间，并借此创造出具有立体感、充满想象空间的作品，在皱褶捏塑服装创作上做出了伟大贡献。三宅一生在工艺上突破东西方的界限，将平面裁剪与立体裁剪相结合；将西式工艺与日本和服中的缠绕、打结等方式相结合；在模特身上采用披挂、包裹、缠绕以及变幻别、褶的手法，灵活运用，法无定法，追求造型的自由组合与内外空间的协调性，创出全新的三宅新工艺。他那夸张的造型、奇特的色彩、多变的材料、充满情趣的矛盾空间、新颖别致的穿着方式震撼着人们的心灵。美国画家劳生柏格说："三宅是一个国际艺术家，是日本影响最大的艺术家，他支持着整个世界。"他的作品无疑是人类共有的财富。

九、让－保罗·戈尔捷（Jean Paul Gaultier）

1952 年，让－保罗·戈尔捷出生于法国一个中产阶级家庭，从小喜欢时装设计，15 岁就出版了一本《高级时髦服装画法》。1971 年，其才华受到皮尔·卡丹的赏识，进入到他的时装店工作。之后，他

设计师保罗·戈尔捷与模特们。

服
装
设
计
概
论

又为让·帕图（Jean Patou）公司工作了几年，攒足了资本、经验和实力后，很快成立了自己的时装公司。1976年，他推出了中性化的女装系列：粗犷的超短皮夹克，配以芭蕾舞式的短裙，内衬长衫，左腰间系上层层绸布。这种嘲弄式的风格使人耳目一新，从此在服装界一鸣惊人，跃居为服装业的佼佼者。戈尔捷非常善于从蕴涵创造性的文化中汲取所需养料，然后与本身取之不尽的想象力组合。一段充满浪漫异国情调的印度之行，成为戈尔捷女装展的灵感之源。他对于款式别致的服装有着一种近乎于唯美主义的倾向，这是尽人皆知的，特别是当他不经意中观察到粗斜纹棉布的优点以及与其相似的面料时更是如此。这种天然、朴素的原材料经常神秘地出现于他设计的短衣和连衣裙上。他的设计理念超乎常规，能体现出自身所拥有的聪明才智、人格魅力和与生俱来的生命活力。戈尔捷之所以享有盛誉，是因为他使时装设计引起了革命性的变革。1978年，他根据詹姆斯·邦德（James Bond，《007》系列谍战电影中的主人公）设计推出了邦女郎系列时装。为此，他多次举办了专题时装表演。他认为："时装表演至关重要，表演就像演戏，但能让观众透过服装的外表美看到并欣赏服装的内在美，这具有更加现实的意义。如果服装不具动感，那就失去了现实的意义。时装不是一般的艺术，而是具有动感的艺术，这门艺术反映了千姿百态的生活。"戈尔捷在时装设计中创下了奇迹，具有非凡的影响

戈尔捷设计的裙装缥缈灵性，含蓄地表达了爱与性感的主题。

戈尔捷设计的朴实无华，优雅高贵的高级成衣始终传达出一种鲜明的个性。

力，他的技术更臻完善，可谓炉火纯青。1987年秋季，他荣获了法国最佳时装设计师的桂冠——奥斯卡奖，预示着戈尔捷时代的到来。

让－保罗·戈尔捷的设计受到电视、电影、时装、喜剧、报刊的影响，具有一种反传统的幽默感，在怀旧中散发出时代的气息而独树一帜。他提出中性的新特点：男女可穿相同的服装而看起来仍然不失自己的特征。他的爱好多样，曾以摇滚舞星、通俗音乐学者以及工艺泰斗三项美名集于一身而闻名于世。

十、克里斯汀·拉克鲁瓦
（Christian Lacroix）

1951年，拉克鲁瓦出生在法国南部的阳光城——阿尔勒斯（Arles），他的家庭混合了塞文山脉地区和普罗旺斯地区两地的古典的巴洛克风格。

幼年时，他喜欢不停地绘画，通过自己的画，去追逐过去的服装、过去的风情，同时也形成了自己对服装的理解感悟。在他十几岁的时候，他喜欢动手制作戏剧、歌剧人物的小影集，那是用自己家人的肖像和克里斯蒂昂·贝纳尔（Christian Bernal）的画粘贴而成的，从其中掌握了许多时装常识并对时装设计产生了浓厚兴趣。后来他又爱上了戏剧，他对英国奥斯卡·王尔德（Oscar Wilde）、披头士乐队、巴塞罗那和威尼斯极为热爱。他在蒙彼利埃（Montpellier）大学学习（拉丁语、希腊语、艺术史、文学和电影），获得艺术学位后于1973年来到巴黎，

就读于索邦大学（Paris-Sorbonne University）和卢浮宫学院（Ecole du Louvre）。为了成为一名博物馆馆员，他在卢浮宫专心研究17世纪的绘画和准备一篇关于17世纪服装的论文。在此期间，他遇到了他今后生活的伴侣弗朗索瓦兹（Francoise），并确定了未来的发展方向——服装设计。

1978年，自由设计师让－亚克·皮卡尔（Jean-Jacques Picart）先生介绍他去爱马仕公司（Hermes）工作，在那里他学到了服装专业技术知识。他先是做古·保兰（Guy Paulin）的助手，保兰指导他如何把怀旧的情感具体化，利用不同色彩的微妙变化、

拉克鲁瓦时装（1999年）。

设计师拉克鲁瓦与模特。

拉克鲁瓦时装（1988年）。　拉克鲁瓦时装（1995年）。

面料使用的多样化，同时兼具现代风格。到 1980 年，他已经能够与东京的皇室（Imperial Court）设计师携手合作。之后的几年里，他加入到让·帕图（Jean Paton）的工作室中，同时决定了向高级时装方向发展。在那个时期，高级时装被认为正在走向没落，但随着时间的流逝，拉克鲁瓦通过色彩的运用和高级时装从未失去过的高贵奢侈，初露锋芒，使帕图公司摆脱了困境。拉克鲁瓦凭着这种不懈追求，于 1986 年发布了第一场高级时装展示，设计理念来源于法国南部。他设计的克里诺林裙为他赢得了"金顶针奖"。之后在 1987 年，纽约美国时装设计师协会（CFDA）颁发给他一个奖项，使他赢得了"女装设计超级明星"的美称，成为最具影响力的国外设计师。

同年，他在 LVMH 集团 CEO 伯纳德·阿尔诺先生（Bernard Arnault）的资助下，在巴黎郊区开设了自己的服装公司，尽管从业较晚，但他在西方服装界的地位及声誉极为显要。

1988 年，在以自己名字命名的时装展示会上，他设计的高级时装为时装界注入了新鲜的空气，并再度获得"金顶针奖"。拉克鲁瓦一年两度的时装表演常以活报剧的形式出现，服装由织布工、缝纫工、画家和绣花工等不同的艺术工匠来完成，使观众置身于现实和梦幻之中。

1989 年，拉克鲁瓦推出了自己的服饰配件。1994 年，他又推出了自己的休闲服装品牌，并与其他服装相互补充，同时拥有自己的特点和个性。拉克鲁瓦的风格飘忽不定，充满幻想主义色彩，他在款式、色彩及面料上的特点也是因时而异。拉克鲁瓦的设计理念，与幼时祖母的熏陶以及他对戏剧和文艺的爱好是分不开的。他既能从妇女解放的口号中，悟出女性在服装造型上渴望冲破世俗的道理，又能准确地把握当代女性的审美趋向，这无疑是拉克鲁瓦成功秘诀的精髓。

十一、维维安·韦斯特伍德
（Vivienne Westwood）

维维安·韦斯特伍德于 1941 年生于英国的一个小城镇。17 岁时与家人迁居伦敦，曾求学于哈罗艺术学校（Harrow School of Art），后来成为一名年

维维安·韦斯特伍德在时装发布会上的作品。

轻的教师，并时常在街头售卖首饰。1960 年末结识了马尔科姆·麦克拉伦（Malcolm Mclaren），成为她人生的转折点。经其引见，她踏入了时装界。

英国先锋时装设计师维维安·韦斯特伍德被称为是一位"惊世骇俗的时装艺术家"。在过去的 35 年中，她一直占据着英国时装界的中心位置。她与伊夫·圣·洛朗、乔治·阿玛尼（Giorgio Amani）、伊曼纽尔·温加罗（Emanuel Ungaro）、卡尔·拉格菲尔德以及克里斯汀·拉克鲁瓦六人被并称为"真正闪耀的明星"。在这样一个瞬息万变、潮流激荡的时装界，极少有人能像她那样，以惊人的创造力不断推陈出新，始终雄踞时尚的风口浪尖。维维安·韦斯特伍德于 20 世纪 70 年代开始了她极具个性的独创道路。20 世纪 80 年代，随着朋克时代的终结，韦斯特伍德也开始探索自己的设计风格。她从早期宽松的、无结构为特征的几何形式，逐渐转换到 20 世纪 90 年代着重于表现裁剪方式和技术的设计。在她的作品中，我们可以看到她对裁剪技巧的重大突破，这个过程向人们诠释了韦特斯伍德对于服装裁剪史的个性化理解。"我的作品根植于英国的传统剪裁"，她说，并且还称之为"从实践中学习"。从 20 世纪 70 年代开始，她以拆解 20 世纪 50 年代"泰迪男孩"服饰为基础，进行自学。一种强烈的求知欲驱使她去弄清楚其中的每一个细节。那时的韦斯特伍德经常会买回一些黑色的或者是条纹的 T 恤，在上面挖洞、撕扯、打结、翻卷，加上铁链、毛发、拉锁、橡皮乳头、大头钉、鸡骨头、印刷图形等元素，构成特立独行的"朋克时装"。她的想法也很直接："我的工作就是去对抗已经确立的东西，努力去发现自由在哪里，去发现我到底还能做些什么新东西。我所做的最引人注目的事情，就是通过性感 T 恤去表现这一观念。"她的创作使时装、性和政治相互碰撞，融为一体，使其成为当时英国社会中反叛一族最恰当的表述符号。"我流行的唯一原因就是破坏了'顺从'这个词，除此以外，我对任何东西都不感兴趣。"

韦斯特伍德意识到，时装的世界是一个不断被赋予新的内涵、不断被颠覆的世界，而这种颠覆，同时就是一个全新的开始。"当你回顾过去，你会看到形形色色的精彩场面，而事物总是不断被拆散、拼缀并重新形成全新的、更美好的事物。当你去模仿这些

技巧时，属于你自己的技巧也在不知不觉中形成。"韦斯特伍德的这种融合实践与创造的独特能力，对于形象的想象力，以及她的热情奔放的面料——苏格兰斜纹粗花呢、花格纹呢、条纹棉布以及真丝塔夫绸，最终形成了她极具动感的时装。韦斯特伍德的设计形成了一种独特的英国风格，将敏锐的洞察传统与大胆的突破陈规结合到一起。这种风格常常被模仿，并且往往领先于她所处的时代。从早期的那些反叛服饰到现在这些华丽的、深具学院气息的时装，韦斯特伍德有着无以反驳的信念："在我的设计当中，我真正信赖的唯一的东西，就是文化。"

十二、约翰·加利亚诺（John Galliano）

1960 年，加利亚诺出生于直布罗陀，母亲是西班牙人，父亲是意大利裔的英国籍人，6 岁时随父母和两个姐妹移居伦敦。他的父亲是个安装工，手很巧，这使他从小就跟父亲学了不少手艺，练就了一双灵巧的手；而有艺术气息的母亲，使他从小就会在餐桌上跳弗拉明戈舞。20 岁时，他迷上了时装设计，并考入伦敦著名的中央圣马丁艺术与设计学院。最初他梦想成为一名时装画画师，而他时装设计的才华日见端倪。1984 年他到英国时装名店 Browns 工作。20 世纪 90 年代初的巴黎时装界正渴望一种既融有传统又具有前卫创新的流行风格出现，加利亚诺正好顺应了这种企盼。1990 年，加利亚诺只身一人来到巴黎举行了首次个人服装展示会，立刻成为巴黎时装界一颗新星，并屡获大奖，成为新时代精神的代表。

设计师约翰·加利亚诺。

服
装
设
计
概
论

加利亚诺设计的服装作品，呈现华丽、花哨、戏剧化的风格，成为新时代精神的代表。

2001 年流行的秋冬装，表现出女人的
一种野性与奔放。

加利亚诺的既传统又前卫的创新风格。

加利亚诺本人的务实态度使他专心于某件优秀的作品，而不是沉湎于创新形象，因此他不是那种把设计弄得神秘莫测和远离现实的时装设计师。他的设计往往深受一些著名女性形象的影响。彬彬有礼、谦虚克己、博学多识是加利亚诺成为顶尖设计师的重要因素，传统的英国式教育又使他对时装的历史、演化有着深刻的认识。他的作品有很强的历史痕迹，喜欢采用编织的花边、织造的流苏或小饰件、高雅华贵的高跟鞋等。他对舞台演出服兴趣更浓，无论简洁朴实或繁复华丽，都要仔细研究一番。他经常到英国去寻找创作灵感，或到博物馆翻阅服装资料和研究服饰收藏品，他的许多作品的最初创意都是在这些平凡的地方汲取的。

加利亚诺 1995 年应邀出任纪梵希的总设计师，而 1996 年 10 月又被迪奥公司委以重任——创造未来迪奥女性新形象。独到的制作工艺，面料选择大胆，裁剪独特，如翻新斜裁法、螺旋式袖身、解构重组，他把"迪奥"推到了时尚的最高峰，使"迪奥"高级成衣注入了前所未有的青春和活力，使其华丽精美登峰造极。

现在，加利亚诺的名字已经不属于他自己，而是成为迪奥公司的一部分，人们已经把他和"迪奥"紧紧地联系在一起了。

十三、詹弗兰科·费雷
（Gianfranco Ferre）

费雷（1944～2007 年）被称为"时装界天才的建筑师"，他 1944 年 8 月 15 日出生于米兰附近小镇莱格纳诺（Legnano）的一个工人家庭。高中毕业后，他进入米兰工业学院（The Milan Polytechnic Institute）学习，取得了建筑学学位。在学习建筑的过程中，他对时装的兴趣却与日俱增，对他来说，流行的服装和美丽的建筑本质上应该是相同的。20 世纪 70 年代，年轻的费雷遇到了改变其一生境遇的导师——时尚巨头沃尔特·阿比尼（Walter Albini），在他的时装屋，费雷开始独立设计珠宝和配饰，迈出了成为伟大设计师的第一步。

很快，费雷的设计引起了意大利一些著名时装编辑的注意和兴趣，他的作品频频亮相在知名的杂志上，成为小有名气的设计师。这小小的成绩，让费雷意识到自己在时装方面的设计天分，坚定了他改行的决心。此时，他加快了向时装设计方向转变的脚步。偶然的机会，他来到印度，在那里，费雷花费了大量时间进行纺织品面料的调研，汲取了东方人朴素简洁的服装造型精髓，懂得了纯净是所有成功作品追求的目标，并且坚持把这种理念贯穿在他的设计中。

设计师詹弗兰科·费雷。

费雷延续了迪奥品牌的传统风格，其作品线条简洁，用料华贵、色彩鲜亮。

1974 年，费雷回到意大利，设计了自己的第一个女装成衣系列。在时装之路上，费雷的脚步一刻也不曾放缓，一手缔造了属于他自己的时尚帝国。尤其是担任迪奥总监和女装设计师的七年中，法国时装浪漫主义传统与意大利现实主义风格的激情碰撞，让费雷很好地延续了迪奥品牌的传统风格，其作品日臻成熟。

被誉为时装界天才建筑师的费雷一向酷爱简洁的线条，用料雍容华贵，色彩鲜亮而闻名于世。在设计中，他从不吝惜表现自己建筑师出身的特点，时装和建筑本身有着天然的联系，又有天生的分歧。长期的严格训练，使费雷对于设计与时装架构的线条和比例相当敏感，他巧妙融合了剪裁与颜色两者的契合，使自己的作品可以展现出穿着者最佳的身体轮廓。

费雷创作的对象是那些聪明而性格独立的优秀人士，他们知道自己想要什么，很清楚自己对生活的需求，清醒认识到自己的强项，懂得真正的优雅。看费雷的服装，可以明显感觉到他研究建筑的背景，他的艺术世界充满诗情画意和遐思幻想。费雷的艺术理念：时装是由符号、形态、颜色和材质构成的语言表达出来的综合印象和感觉；时装寻求创新和传统的和谐统一。在今天，他就是精准、精致和精美的代名词。著名时装设计师范思哲评价费雷时说："他彻底改变了意大利时装的设计传统""他是一位真正懂得如何利用细节创造绝对时髦感的伟大高级女装设计师，他的设计我永远也看不厌，会成为整个世界时尚史上的一个里程碑。"

服装设计概论

费雷追求传统与创新的和谐统一，以体现女性的优雅与精致。

[1] 周锡保. 中国古代服饰史 [M]. 北京：中国戏剧出版社, 1984.

[2] 邓福星. 艺术前的艺术 [M]. 济南：山东文艺出版社, 1987.

[3] 伍典. 新款时装画技法 [M]. 香港：万里书店, 1985.

[4] 板仓寿郎. 服饰美学 [M]. 李今由, 译. 上海：上海人民出版社, 1986.

[5] 王维堤. 中国服饰文化 [M]. 上海：上海古籍出版社, 2001.

[6] 缪良云. 中国衣经 [M]. 上海：上海文化出版社, 2000.

[7] 布兰奇·佩尼. 世界服装史 [M]. 徐伟儒, 译. 沈阳：辽宁科学技术出版社, 1987.

[8] 李砚祖. 工艺美术概论 [M]. 吉林：吉林出版社, 1991.

[9] 王受之. 世界时装史 [M]. 北京：中国青年出版社, 2003.

[10] 饭塚弘子. 服装设计学概论[M]. 李祖旺, 等译. 北京：中国轻工业出版社, 2002.

[11] 杨越千. 时装流行的奥秘 [M]. 北京：中国社会科学出版社, 1992.

[12] 刘瑞璞. 世界服装大师代表作及制作精华[M]. 南昌：江西科学技术出版社, 1998.

[13] 袁仄. 世界时装名师集系列 [M]. 北京：中国纺织出版社, 2001.

[14] 刘元风, 胡月. 服装艺术设计 [M]. 北京：中国纺织出版社, 2006.

[15] 凌继尧, 徐恒醇. 艺术设计学 [M]. 上海：上海人民出版社, 2000.

后 记

"盛世有华服",活色生香的服装历来是时尚变化最为灵敏的风向标,是一个国家、一个时代最为鲜活生动的形象记录。

自中国改革开放 30 多年来,服装设计、服装产业和品牌都得到了快速的发展,服装企业对设计人才的要求越来越高,促使开设服装设计专业的大专院校在不断增加,与之相应的服装文化理论和专业技法理论教材也日益增多,这无疑对提升服装设计的文化内涵和服装产业水平起到了积极的推动作用。

本书所写内容,是按服装设计的教学大纲要求来编写的,包括服装的基础理论和设计两个部分。由于国内各大院校服装设计的教学体系和教学方法各有侧重,教材也有多种编写的角度和针对性。面对服装业的快速发展和变化,本书主要立足于我国现代服装教育及服装行业对人才的需求,从设计理论、设计方法及产业发展等综合角度,作了较为全面、系统的阐述。在写作的思路上更重视创造性思维对设计所产生的启示,考虑到服装设计也属视觉艺术的范畴,故精选图例与文字相互参照。同时对服装设计教学的其他相关理论也进行了简要的归纳和有序的整合,以概论方式呈现给读者的是这一学科在教学方面的基本内容,所做的努力未必如愿,如果书中存在种种不足或缺陷,是作者学力未达所致,殷切希望得到专家、读者的批评指正。

本书在编著过程中得到中国纺织出版社领导和编辑李春奕的热情支持,在此谨表示真诚的谢意!

余强

2016 年 1 月 2 日